POLARISATION

ET

OPTIQUE CRISTALLINE

Leçons professées à la Sorbonne en 1895

PAR

H. PELLAT

PROFESSEUR ADJOINT A LA FACULTÉ DES SCIENCES DE PARIS

Rédigées par MM.

DUPERRAY
Agrégé de l'Université
Préparateur à la Sorbonne

GALLOTTI
Agrégé de l'Université
Professeur au lycée de Châteauroux

PARIS

GEORGES CARRÉ, ÉDITEUR

3, RUE RACINE, 3

1896

POLARISATION

ET

OPTIQUE CRISTALLINE

TOURS. — IMPRIMERIE DESLIS FRÈRES.

COURS DE PHYSIQUE GÉNÉRALE

POLARISATION

ET

OPTIQUE CRISTALLINE

Leçons professées à la Sorbonne en 1895

PAR

H. PELLAT

PROFESSEUR-ADJOINT A LA FACULTÉ DES SCIENCES DE PARIS

Rédigées par MM.

DUPERRAY   **GALLOTTI**
Agrégé de l'Université   Agrégé de l'Université
Préparateur à la Sorbonne   Professeur au lycée de Châteauroux

PARIS

GEORGES CARRÉ, ÉDITEUR
3, RUE RACINE, 3

1896

PRÉFACE

Je n'ai eu d'autre prétention dans ce cours que
d'exposer, le plus clairement qu'il m'a été possible,
les principales propriétés des ondes, la polarisation
et la double réfraction suivant les idées de Fresnel.
Aussi n'avais-je nullement l'intention de le faire
publier ; j'ai cédé aux instances de quelques élèves
de l'École Normale qui, d'après le cours analogue
que j'avais fait l'année précédente, ont jugé que son
impression pouvait être utile à leurs camarades
et aux élèves de la Sorbonne. Deux normaliens,
MM. Duperray et Gallotti, aujourd'hui agrégés de
l'Université, ont bien voulu se charger de sa rédac-
tion ; ils l'ont fait avec un soin dont je ne saurais
trop les remercier.

Quelques compléments, que j'ai ajoutés en conférences, ont été mis, sous forme de notes, à la fin
de l'ouvrage.

2 avril 1896.

H. PELLAT.

POLARISATION

ET

OPTIQUE CRISTALLINE

CHAPITRE PREMIER

DE QUELQUES PROPRIÉTÉS GÉNÉRALES DES ONDES

1. Ondes. — On sait que les phénomènes sonores sont dus à un mouvement vibratoire. L'étude des phénomènes lumineux ayant montré leur analogie avec les phénomènes sonores, on a été conduit à les considérer comme produits par les vibrations d'un milieu spécial, que l'on a appelé *éther*.

Toutefois, il existe entre les vibrations sonores et les vibrations lumineuses une différence essentielle : les vibrations sonores se font dans la direction de propagation du son, tandis qu'il faut admettre, comme nous l'établirons dans la suite, que les vibrations lumineuses se font perpendiculairement à la direction de propagation de la lumière.

Pour faire comprendre ce qu'on entend par une *onde* nous allons prendre deux exemples dans l'acoustique : mais l'étude que nous ferons des ondes s'appliquera également à l'un et à l'autre de ces deux modes de vibrations.

Considérons un milieu homogène et isotrope, c'est-à-dire

jouissant des mêmes propriétés dans toutes les directions : en particulier, la vitesse de propagation d'un ébranlement y est la même dans toutes les directions. (Nous verrons qu'il n'en est pas ainsi dans tous les milieux, dans les cristaux par exemple.) Dans ce milieu, considérons une *sphère pul-*

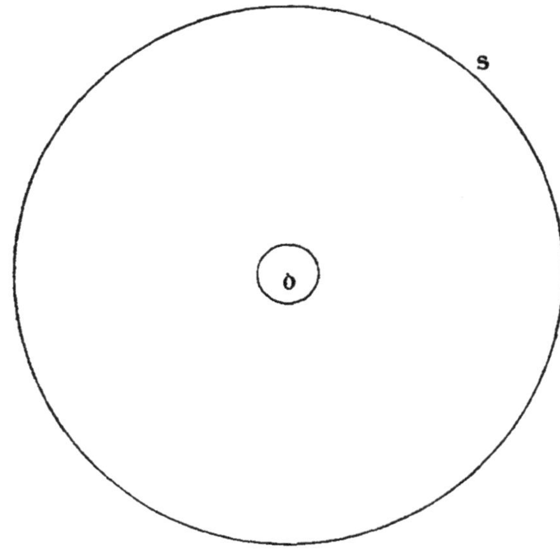

Fig. 1.

sante O (*fig.* 1) : nous entendons par là une petite sphère dont le rayon varie de façon qu'elle se dilate ou se contracte. L'ébranlement produit par cette sphère va se transmettre symétriquement autour d'elle.

A un moment donné, tous les points d'une sphère S, ayant même centre que la sphère pulsante, sont dans un même état vibratoire, c'est-à-dire que si l'élongation est maximum, minimum ou nulle en un point de cette sphère, elle l'est égalemenl pour tous les autres ou, d'une façon plus générale, que si l'élongation en un point est une certaine fraction de l'élongation maximum, en tous les autres points de la sphère elle est au même moment la même fraction de cette élongation maximum. Par exemple, si le mouvement est sinusoïdal, chaque point de la sphère est au même instant dans une même phase.

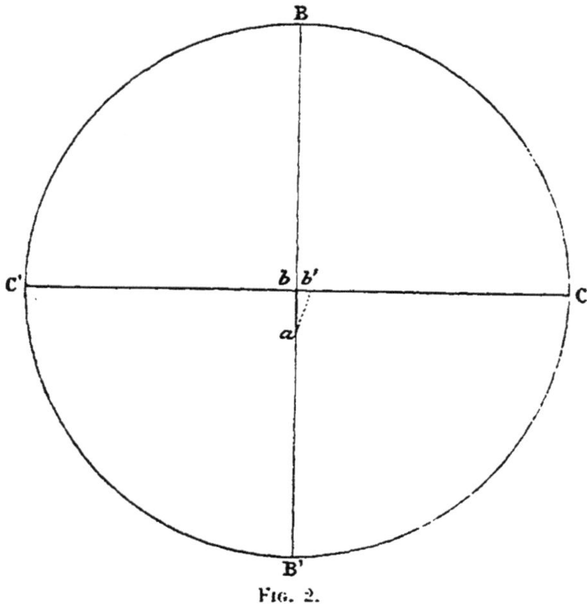

Fig. 2.

Si on considère au lieu d'une sphère pulsante une lame vibrante ab (*fig.* 2) et une sphère S de centre b et de rayon suffisamment grand pour que la lame vibrante puisse être considérée comme un point, on trouve encore qu'à une même époque tous les points de la sphère S sont dans le même état vibratoire. Il y a néanmoins une différence avec le cas précédent : supposons, en effet, que la lame se déplace de b en b' : une compression est produite à droite et arrive au bout d'un temps t sur la sphère en C. Au moment où la compression est produite à droite, une raréfaction se produit à gauche, et se propage à gauche avec la même vitesse que la compression, et au temps t produit en C′ une dilatation. On voit donc que la sphère est partagée en deux régions par un plan diamétral, perpendiculaire au mouvement vibratoire, de façon qu'à une époque quelconque on a, d'un côté, une compression et, de l'autre, une dilatation. La compression, maximum en C, va en décroissant quand on s'éloigne de C sur la sphère; elle devient nulle en B, puis change de signe dans l'autre portion de la sphère.

On appelle *onde* une surface dont tous les points sont à une même époque dans le même état vibratoire, c'est-à-dire, comme nous l'avons vu, où l'élongation est maximum, nulle ou minimum pour tous les points à la fois.

Dans les deux cas que nous venons d'examiner, on voit que les ondes sont des surfaces sphériques.

Mais il n'en est pas toujours ainsi : les ondes peuvent se réfléchir ou se réfracter à la surface de séparation de deux milieux différents; la forme des ondes réfléchies et réfractées dépend évidemment de la forme de cette surface. Nous pouvons donc obtenir des ondes de formes très variées.

2. Rayons. — Considérons une onde de forme quelconque O (*fig.* 3) se propageant dans un milieu isotrope : si le temps augmente, l'onde va se déplacer, c'est-à-dire que le même mouvement vibratoire considéré va se trouver successivement sur une série de surfaces O′O″O‴... . Considé-

rons une ligne ABC normale à toutes les surfaces qu'occupe
successivement l'onde, c'est-à-dire une trajectoire orthogonale de cette classe de surfaces. Nous appellerons cette
ligne un *rayon* lumi-
neux ou sonore.

Nous montrerons
plus loin que cette
définition concorde
bien avec la définition,
un peu grossière, que
l'on donne du rayon
lumineux dans les
cours élémentaires
d'optique.

Si le milieu est ho-
mogène, nous verrons

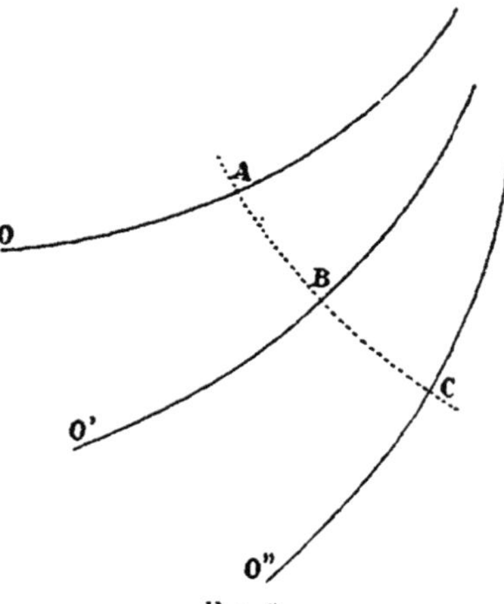

Fig. 3.

que ces rayons sont des droites. Mais il n'en est pas toujours
ainsi : si nous considérons deux milieux homogènes, séparés
par une surface quelconque, le rayon lumineux se brise en
passant de l'un à l'autre : si donc nous imaginons un milieu
hétérogène dont les propriétés varient graduellement, le
rayon est une ligne courbe. C'est ce qui a lieu, par exemple,
pour un rayon lumineux traversant les couches d'air voisines
du sol échauffé par le soleil, et qui donne naissance au phénomène du mirage.

Nous donnerons plus loin une définition plus générale du
mot *rayon*, qui pourra s'appliquer au cas d'un milieu non
isotrope et qui, bien entendu, reviendra à la précédente,
dans le cas d'un milieu isotrope.

3. Principe d'Huyghens (¹). — On appelle principe, en physique, une proposition très vraisemblable *a priori*, mais impossible ou difficile à démontrer directement, et qu'on admet, parce que ses conséquences sont vérifiées : tels sont, par exemple, les deux principes fondamentaux de la thermodynamique.

S'il arrive qu'on trouve, plus tard, une démonstration *a priori* de cette proposition, elle devient alors un théorème, quoique souvent on lui conserve, par habitude, le nom de principe (*principe d'Archimède, principe de Pascal*).

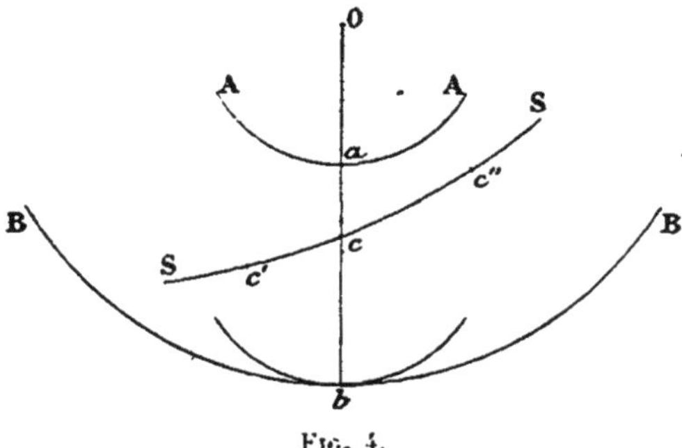

Fig. 4.

Nous allons exposer le *principe d'Huyghens*, dont toutes les conséquences ont été vérifiées.

Considérons, dans un milieu isotrope, la propagation d'une onde provenant d'un point lumineux ou sonore. Cette onde est sphérique. Prenons comme temps zéro celui où elle se trouve en AA (*fig. 4*). Au bout d'un temps T, elle coïncidera avec la sphère concentrique BB.

Considérons un point *a* sur la sphère AA, et le rayon *ab*

(¹) HUYGHENS, mathématicien et physicien hollandais, auteur de la *Théorie des Ondulations*, né à La Haye, en 1629, mort en 1695.

de cette sphère passant par ce point a et limité au point b, où il rencontre la sphère BB ; la droite ab est un rayon lumineux ; elle est parcourue par le mouvement vibratoire pendant le temps T. Si V est sa vitesse de propagation, on a donc :

$$ab = VT$$

Prenons un point c sur ab : soit t le temps que met le mouvement vibratoire pour aller de a en c : on a de même :

$$ac = Vt$$

Le temps que le mouvement vibratoire met pour aller de c en b est $T - t$.

Donc

$$cb = V (T - t)$$

Considérons une surface quelconque SS passant par le point c. Supposons que cette surface soit un écran et qu'au point c on y fasse un trou. A partir du temps t où le mouvement arrive en c, ce point c devient un centre de vibrations qui se transmettent au milieu qui est au-delà de l'écran SS.

Le mouvement vibratoire se transmet sous forme de sphères ayant c pour centre, c'est-à-dire que ces sphères sont les surfaces d'onde. En particulier la surface d'onde au temps T, c'est-à-dire un temps $T - t$ après le moment où le mouvement a passé en c, est une sphère ayant c pour centre et un rayon $r = V (T - t)$. On voit que $r = cb$. Donc cette sphère passe en b et est tangente en ce point à la sphère BB, c'est-à-dire à la position qu'aurait l'onde au temps T si l'écran SS n'existait pas.

Si on suppose l'écran SS percé d'autres trous c', c'', etc., on pourrait faire pour chacun d'eux le même raisonnement, et le mouvement vibratoire au temps T serait à la surface de sphères toutes tangentes à BB (*fig. 5*).

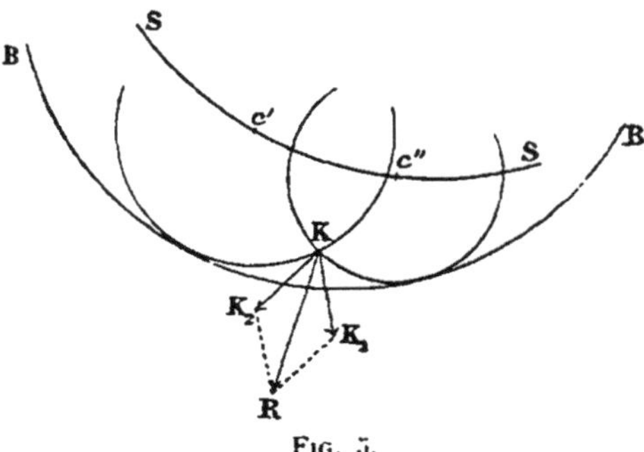

Fig. 5.

Considérons le point d'intersection K de deux de ces sphères. S'il n'y avait qu'un seul des deux trous centres de ces sphères, on n'aurait qu'un seul mouvement vibratoire. Comme il y en a deux, suivant KK_1 ou KK_2, on a en K deux impulsions qui ne sont pas dans le même sens, et qui produisent le même effet que leur résultante KR, d'après le principe de *la superposition des élasticités dans les petits mouvements ;* il se produit ce qu'on appelle un *phénomène d'interférence*. Dans le cas où les deux impulsions sont égales et de sens contraire, la résultante étant nulle, les deux mouvements se détruisent.

On voit donc que si l'on a un grand nombre de trous dans l'écran SS, par suite des phénomènes d'interférence, le mouvement vibratoire derrière cet écran va être très compliqué. Mais, supposons que les trous deviennent de plus en plus nombreux, jusqu'à disparition totale de la matière de l'écran : on aura à considérer une infinité de sphères tangentes à BB ; or, l'écran ne joue plus alors aucun rôle, et nous savons que, dans ce cas, le mouvement vibratoire au temps T se trouve sur la sphère BB. Donc, dans ce cas, la composition des mouvements vibratoires est telle que la surface enveloppe BB de toutes les sphères est précisément la position de l'onde au temps T.

Supposons la propriété que nous venons de trouver vraie, quelles que soient la forme de l'onde et la nature des milieux de part et d'autre de la surface SS : on a alors le principe d'Huyghens, qui s'énonce ainsi :

Dans un milieu où se propage un ébranlement (lumineux ou sonore), on peut trouver la position d'une onde déterminée au temps T *au moyen de la position de la même onde au temps zéro, en considérant comme centres d'ébranlement les points d'une surface quelconque* S, *au moment où ces points sont atteints par l'onde, et en décrivant de ces points pour centres les surfaces d'ondes* (sphères dans le cas d'un milieu isotrope et homogène) *qui constitueraient l'onde au temps* T. *si chacun de ces points était seul centre d'ébranlement. L'enveloppe de toutes ces surfaces d'onde est la position de l'onde au temps* T.

La surface S_1 sera appelée *la surface des centres d'ébranlement.*

Nous allons faire (§§ 4, 5 et 7) quelques applications du principe d'Huyghens ; nous nous bornerons ici à faire les démonstrations dans le cas où le milieu est isotrope et, par conséquent, où les surfaces d'onde, émanant d'un point d'ébranlement, sont des sphères si le milieu est homogène. Plus loin, nous généraliserons les démonstrations pour comprendre le cas des milieux non isotropes.

4. Première application. — Dans un milieu homogène, les rayons sont des lignes droites.

Soit AA (*fig.* 6) la position d'une onde de forme quelconque au temps zéro, et soit BB sa position au temps T. Nous allons appliquer le principe d'Huyghens en prenant pour surface des centres d'ébranlement la surface AA elle-même. Prenons sur AA un point quelconque a et de ce point comme centre, décrivons une sphère de rayon $\rho = VT$.

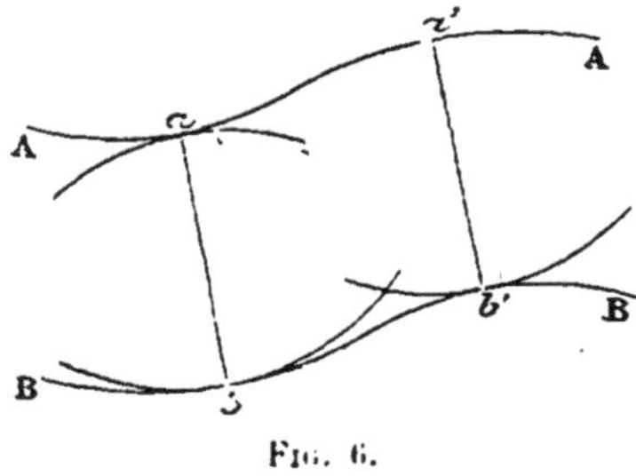

Fig. 6.

Faisons la même construction pour les autres points a', a''... de la surface AA, c'est-à-dire décrivons de ces points comme centres des sphères ayant toutes même rayon $\rho = VT$.

L'enveloppe de toutes ces sphères est la position BB de l'onde au temps T. Soit b le point où la sphère décrite de a comme centre touche BB. Menons le rayon ab de cette sphère : ab est normale à l'onde BB. Or, la géométrie nous apprend que, si, des différents points de BB comme centres, on décrit des sphères de rayon égal à ρ, l'enveloppe de toutes ces sphères est précisément AA. Donc la sphère décrite de b comme centre est tangente à AA en a, et, par suite, ab qui est normale à BB est aussi normale à AA. Par conséquent, la normale ab en un point a de AA est normale à toutes les positions successives de l'onde, telles que BB ; c'est donc un *rayon : les rayons dans un milieu homogène sont des lignes droites.*

5. Deuxième application. — Réflexion et réfraction des ondes lumineuses ou sonores. — Soit une onde quelconque AA au temps zéro *fig. 7*. Considérons une sur-

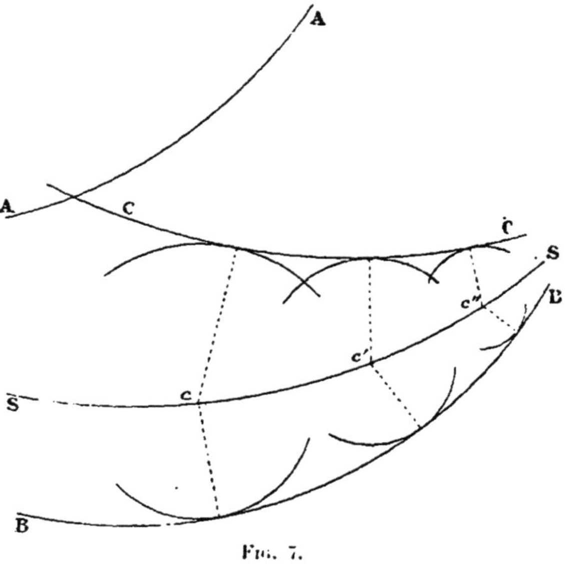

Fig. 7.

face quelconque SS séparant deux milieux homogènes où les vitesses de propagation d'un ébranlement V et V' sont différentes. Cherchons la position de l'onde au temps T dans le second milieu *onde réfractée*. Pour cela, appliquons le principe d'Huyghens, en prenant pour surface des centres d'ébranlement les points de la surface de séparation SS.

Soit *c* un point de cette surface que l'onde atteint au temps *t*. Décrivons de ce point comme centre une sphère correspondant au temps $T - t$, c'est-à-dire ayant pour rayon $r = V'(T - t)$. Faisons de même pour tous les points $c', c''...$ de SS : c'est-à-dire décrivons de $c', c''...$ comme centres des sphères ayant respectivement des rayons r', r'' donnés par $r' = V'(T - t')$, $r'' = V'(T - t'')...$, en désignant par t', t'' les époques où l'onde atteint les points $c', c''...$ L'enveloppe de toutes les sphères analogues à celles-ci est la position BB de l'onde réfractée au temps T.

Cherchons maintenant l'*onde réfléchie*.

Au moment où c est atteint par l'onde, il devient aussi un centre d'ébranlement pour le premier milieu. Décrivons donc de c comme centre une sphère de rayon $R = V(T - t)$, et faisons de même pour les points $C', C''.....$ Toutes ces sphères ont aussi une enveloppe qui est l'onde réfléchie CC.

Si l'on considère un temps $T' > T$ l'onde réfractée BB et l'onde réfléchie CC s'écartent de la surface S, car les rayons des sphères décrites de $c, c', c''.....$ sont plus grands.

Une objection semble se présenter : si le second milieu était identique au premier, de façon que tout le milieu considéré fût homogène, le raisonnement s'appliquerait encore : il conduirait donc à admettre l'existence d'une onde réfléchie sur une surface quelconque imaginée dans un milieu homogène, ce qui est évidemment inexact. Cette objection se lève aisément : le principe d'Huyghens, en effet, ne dit pas qu'il y ait nécessairement une onde réfléchie, mais que, si elle existe, elle est donnée par la construction qu'on vient d'indiquer. L'intensité de l'onde est fournie par des considérations différentes, et le calcul montre que, si V et V' se rapprochent indéfiniment l'un de l'autre, l'intensité de l'onde réfléchie tend vers zéro.

Pour trouver les lois géométriques de la réflexion et de la réfraction, nous considérerons d'abord un cas particulier : nous supposerons l'onde plane et la surface de séparation des deux milieux plane aussi.

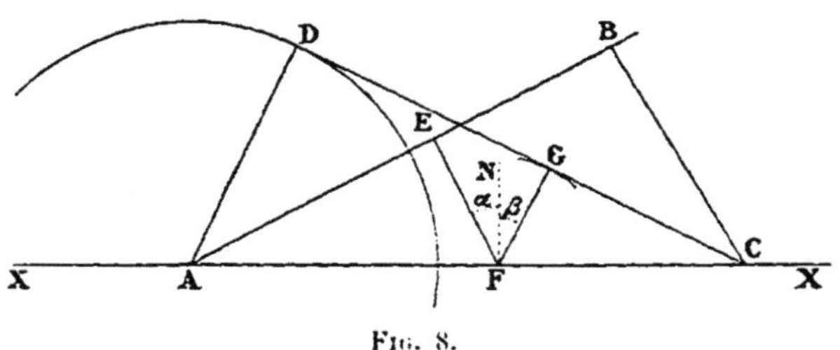

Fig. 8.

Prenons pour plan de la figure (*fig.* 8) un plan perpendiculaire à l'onde incidente et au plan de séparation. Soit XX la trace du plan de séparation sur le plan de la figure, AB la trace de l'onde incidente au temps zéro.

1° *Réflexion.* — Construisons l'onde réfléchie. Par un point B de l'onde incidente, menons la normale à l'onde, c'est-à-dire un rayon. Soit C le point où ce rayon rencontre la surface de séparation. Si T est le temps que met l'ébranlement à se propager de B en C on a, en désignant par V_1 la vitesse de propagation dans le premier milieu

$$BC = V_1 T$$

Cherchons la position de l'onde réfléchie au temps T. De A comme centre, décrivons une sphère de rayon

$$R = BC = V_1 T,$$

et, par la droite perpendiculaire au plan de la figure et projetée en C, menons un plan tangent à cette sphère ; il coupe le plan du tableau suivant CD. Nous allons montrer que ce plan tangent CD est la position de l'onde réfléchie au temps T. Pour cela, menons par un point E quelconque de AB le rayon EF. Soit t le temps que met l'ébranlement à se propager de E en F.

On a :

$$EF = V_1 t$$

Menons la ligne FG perpendiculaire au plan CD. Si θ est le temps que mettrait l'ébranlement à se propager de F à la surface d'une sphère de centre F et de rayon FG, on a :

$$FG = V_1 \theta$$

Nous allons montrer que

$$t + \theta = T.$$

Considérons, pour cela, les triangles semblables AEF et ABC, on a

$$\frac{AF}{AC} = \frac{FE}{BC} = \frac{V_1 t}{V_1 T} = \frac{t}{T}.$$

De même les triangles semblables FGC et ADC donnent :

$$\frac{FC}{AC} = \frac{FG}{AD} = \frac{V_1 \theta}{V_1 T} = \frac{\theta}{T},$$

d'où on tire par addition

$$\frac{AF + FC}{AC} = \frac{t + \theta}{T}.$$

Mais

$$AF + FC = AC$$

donc

$$T = t + \theta, \quad \text{ou :} \quad \theta = T - t$$

Si donc on décrit de F comme centre une sphère de rayon

$$R_1 = V_1 (T - t)$$

elle est tangente au plan CD, et cela a lieu, quel que soit le point E pris sur AB. Dans tous les plans parallèles au plan de la figure, il en est de même; le plan CD est donc l'enveloppe de toutes les sphères analogues : c'est l'onde réfléchie au temps T.

FG est le rayon réfléchi correspondant au rayon incident EF. Soit NF la normale à la surface de séparation en F; cette normale est dans le plan de la figure. D'ailleurs les rayons EF et FG sont aussi dans ce plan. On obtient ainsi la première loi de la réflexion :

Le rayon réfléchi FG est dans le plan d'incidence EFN.

Soit α l'angle d'incidence :

$$EFN \quad \alpha$$

Soit β l'angle de réflexion

$$NFG = \beta$$

Or, les angles NFG et DCA ayant leurs côtés perpendiculaires :

$$DCA = NFG = \beta.$$

De même, les angles BAC NFE ayant leurs côtés perpendiculaires,

$$BAC = NFE = \alpha.$$

D'autre part, les triangles ABC et ADC étant égaux, on a pour les angles :

$$BAC = DCA \text{ c'est-à-dire } \alpha = \beta$$

Ce qui est la seconde loi de la réflexion :

L'angle d'incidence est égal à l'angle de réflexion.

2° *Réfraction.* — Les lois géométriques de la réfraction s'établissent absolument de la même manière. Considérons l'onde incidente AB (*fig.* 9). Du point A comme centre décrivons une sphère de rayon $R = V_2 T$, en désignant par V_2 la vitesse de propagation dans le second milieu.

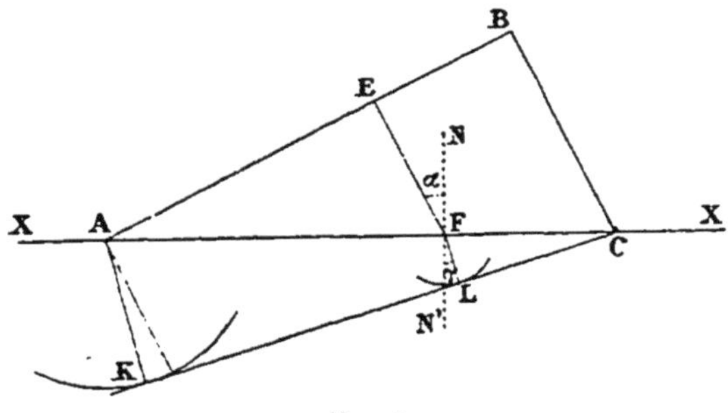

Fig. 9.

Par la droite C où l'onde incidente au temps T coupe le plan XX, menons le plan tangent CK à cette sphère ; je dis que ce plan est la position de l'onde réfractée au temps T.

Soit E un point quelconque de l'onde incidente. Menons le rayon EF. Soit t le temps que le mouvement vibratoire met à se propager de E en F. On a

$$EF = V_1 t$$

De F comme centre décrivons une sphère tangente en L au plan CK. Soit θ le temps nécessaire au mouvement vibratoire pour se propager de F en L; on a

$$FL = V_2 \theta.$$

Nous allons montrer que l'on a

$$\iota + \theta = T.$$

Les deux triangles ABC et AEF étant semblables nous donnent

$$\frac{AF}{AC} = \frac{FE}{BC} = \frac{V_1 \iota}{V_1 T} = \frac{\iota}{T}.$$

On a de même dans les deux triangles AKC et FLC

$$\frac{FC}{AC} = \frac{FL}{AK} = \frac{V_2 \theta}{V_2 T} = \frac{\theta}{T}.$$

D'où

$$\frac{AF + FC}{AC} = \frac{\iota + \theta}{T}$$

et comme

$$AF + FC = AC$$

on a

$$\iota + \theta = T, \text{ ou } \theta = T - \iota.$$

La sphère décrite de F comme centre avec le rayon

$$V_2 (T - \iota)$$

est donc tangente à CK. Le plan CK est ainsi l'enveloppe de toutes les sphères analogues : c'est la position de l'onde réfractée au temps T.

FL est le rayon réfracté correspondant au rayon incident EF. La première loi de la réfraction se trouve ainsi démontrée : *le rayon réfracté* FL *est dans le plan d'incidence* EFN.

Soit γ l'angle de réfraction :

$$NFL = \gamma.$$

Les angles LFN' et ACK ayant leurs côtés perpendiculaires sont égaux

$$ACK = LFN' = \gamma.$$

On a de même

$$BAC = NFE = \alpha.$$

D'ailleurs, le triangle rectangle ABC donne la relation

$$\sin. \alpha = \sin. BAC = \frac{BC}{AC} = \frac{V_1 T}{AC}.$$

De même le triangle ACK donne

$$\sin. \gamma = \sin. ACK = \frac{AK}{AC} = \frac{V_2 T}{AC}.$$

d'où

$$\frac{\sin. \alpha}{\sin. \gamma} = \frac{V_1}{V_2}$$

On obtient ainsi la seconde loi de la réfraction :

Le rapport des sinus des angles d'incidence et de réfraction est constant, quel que soit l'angle d'incidence.

La valeur constante de ce rapport $\frac{V_1}{V_2} = n$ est appelée *l'indice de réfraction du second milieu par rapport au premier.*

Ainsi l'indice de réfraction est égal au rapport des vitesses de propagation de l'onde dans les deux milieux.

Généralisation. — Nous allons montrer maintenant que ces lois s'appliquent, quelle que soit la forme de l'onde et de la surface de séparation.

Considérons une onde incidente XX (*fig.* 10) et soit SS la surface de séparation des deux milieux. Soit EF un rayon rencontrant en F la surface de séparation.

Par E menons le plan tangent AA à l'onde ; menons de même par F le plan tangent BB à la surface de séparation. Prenons pour plan de la figure un plan perpendiculaire à l'intersection de ces deux plans et passant par EF.

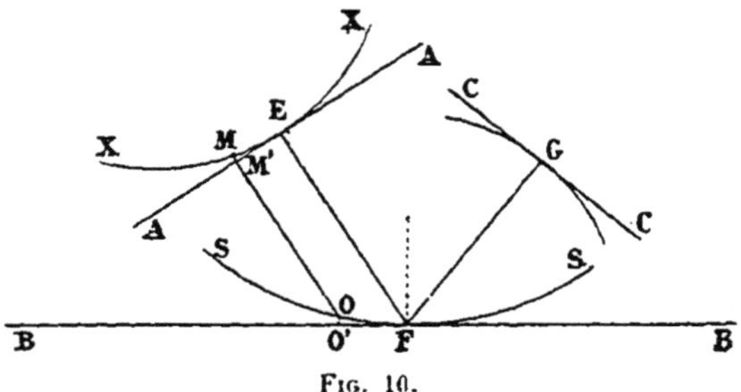

Fig. 10.

Si au lieu de l'onde XX on avait une onde plane AA, et au lieu de la surface SS une surface plane BB, la position de l'onde réfléchie serait un plan CC perpendiculaire au rayon réfléchi FG construit suivant la loi précédemment établie.

Prenons un point M de l'onde XX distant de E d'un infiniment petit que nous considérons comme du premier ordre : la distance MM′ de ce point au plan tangent AA est, comme on le sait, un infiniment petit du second ordre.

En négligeant les infiniment petits du second ordre, nous pouvons remplacer M par M′. Nous pouvons pour la même raison, dans l'application du principe d'Huyghens, remplacer le point O où le rayon M′O rencontre SS par sa projection O′ sur le plan tangent. Il résulte de là que la surface qui représente la position de l'onde au temps T peut être autour de G confondue avec CC à des infiniment petits du second ordre près. Donc cette surface est tangente en G à CC. Il en résulte que FG est le rayon réfléchi.

Nous avons donc les mêmes lois pour la réflexion que dans le cas particulier précédent. La généralisation dans le cas de la réfraction se fait absolument de la même manière.

6. Influence du poli de la surface de séparation. —

On sait que pour réfléchir régulièrement des rayons lumineux une surface doit être polie. On peut facilement expliquer ce fait

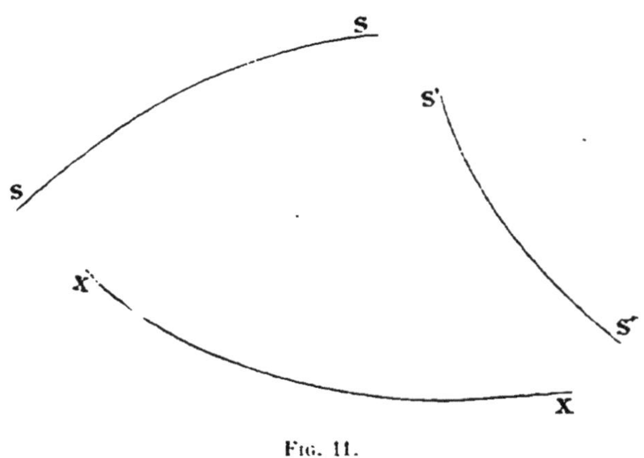

Fig. 11.

d'après le principe d'Huyghens. Supposons qu'une onde SS (*fig.* 11) se réfléchisse sur une surface quelconque XX de façon à donner une onde réfléchie S'S'. Modifions cette surface en déplaçant normalement certains de ses points d'une quantité très petite, par rapport à la longueur d'onde. Nous déplaçons un peu les centres d'ébranlement, mais sur la surface S'S' nous trouvons un mouvement vibratoire très sensiblement le même. Cette surface SS' est donc encore à très peu près l'onde réfléchie. Mais si le déplacement des points de la surface de séparation devient de l'ordre de la longueur d'onde, la forme de l'onde réfléchie va être profondément modifiée.

Prenons le cas particulier où l'on a une surface réfléchissante plane XX et une onde également plane AA parallèle à XX. Nous aurons alors une onde réfléchie BB (*fig.* 12). Sup-

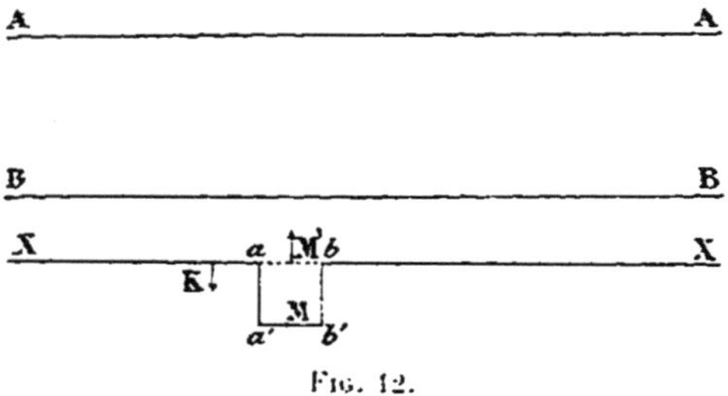

Fig. 12.

posons qu'on abaisse un élément ab de la surface SS d'une quantité égale à $\frac{1}{4}$ de la longueur d'onde : soit $a'\,b'$ sa nouvelle position. Quand l'onde arrive sur XX, un point K auquel nous n'avons pas fait subir de déplacement devient un centre d'ébranlement. Un point M situé sur un élément déplacé $a'b'$ n'est atteint par l'onde qu'un quart de période après les points tel que K. L'onde se réfléchit sur $a'b'$ et quand elle repasse au niveau ab, le mouvement vibratoire a un retard d'une demi-période sur celui de K. On aura donc sur BB des composantes absolument différentes et la forme de l'onde sera entièrement modifiée. Il faut donc que les rugosités de la surface soient très petites par rapport à la longueur d'onde, pour que la surface se comporte comme un plan parfait.

Or, en optique, les longueurs d'onde sont de l'ordre d'un demi-millième de millimètre. Les rugosités doivent donc être du cent millième ou du millionième de millimètre, pour que la réflexion et la réfraction se fassent sur une surface comme si elle avait un poli idéal.

En acoustique, au contraire, les longueurs d'onde sont de l'ordre du mètre ; donc des aspérités de l'ordre de 1 centimètre n'auront pas d'effet sensible sur la réflexion du son.

7. La lumière se trouve derrière un écran percé d'un trou autour d'un rayon passant vers le milieu du trou. — Montrons maintenant que la définition mathéma-

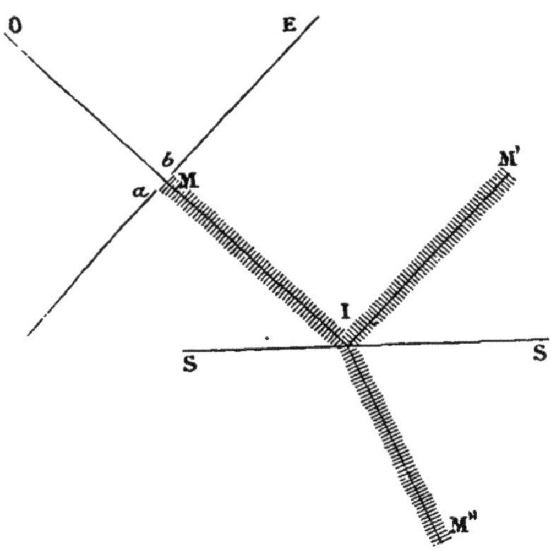

Fig. 13.

tique du rayon lumineux, telle que nous l'avons donnée, s'accorde avec la définition élémentaire.

Soit un point lumineux O (*fig.* 13) et un écran E percé d'un trou *ab*. Joignons O au milieu M du trou : on constate que la lumière se trouve au-delà de l'écran autour de cette ligne OM.

Si cette lumière subit une réflexion ou une réfraction, la lumière réfléchie ou réfractée se trouvera autour des droites IM′, IM″, rayons réfléchis et réfractés provenant de MI considéré comme rayon incident. C'est cette ligne autour de laquelle il y a de la lumière que l'on appelle, en optique élémen-

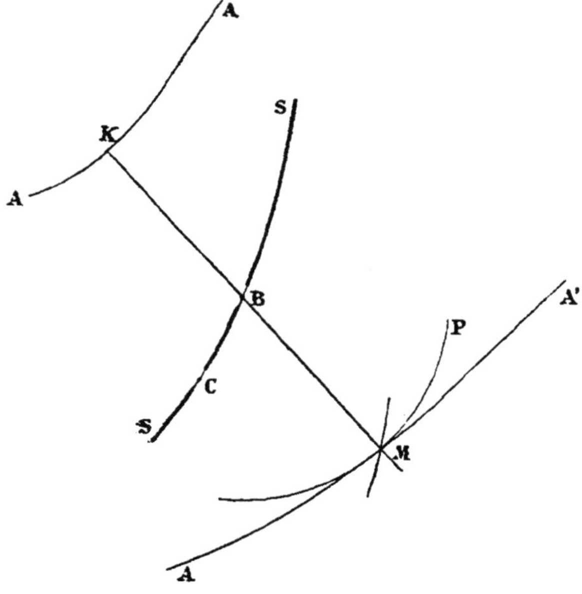

Fig. 14.

taire, un *rayon lumineux* : nous allons montrer, en nous appuyant sur le principes d'Huyghens, que c'est aussi la trajectoire orthogonale des surfaces d'onde et, par là, que la défi-nition un peu grossière du rayon lumineux de l'optique élé-mentaire concorde avec la définition précise que nous avons donnée.

Soit une onde quelconque AA (*fig.* 14) et SS une surface

quelconque. Cherchons le mouvement vibratoire en un point M de la normale KM à AA.

Considérons les vibrations envoyées par les différents points de SS, et composons-les en M. Prenons d'abord la vibration envoyée par le point B : Soit t l'époque où le mouvement vibratoire arrive en B.

Décrivons une sphère de B comme centre avec un rayon $R = V(T - t)$; cette sphère sera tangente à la position de l'onde A'A' au temps T. Pour avoir le mouvement vibratoire en M, il faut prendre de plus les mouvements envoyés par tous les autres points de SS, tels que C.

Supposons ce point C un peu éloigné de B et soit t' l'époque où il est atteint par l'onde A : à ce moment, il devient centre d'ébranlement, et le mouvement vibratoire au temps T se trouvera sur une sphère décrite de C comme centre avec un rayon $r' = V(T - t')$ qui ne passe pas par M. On peut pourtant trouver un temps θ, tel que la sphère décrite de C comme centre avec un rayon $V(T - \theta)$ passe par M.

A ce temps θ, C était le centre de l'ébranlement qui arrive en M au temps T : mais l'onde qui atteint C à cette époque θ n'est pas l'onde considérée AA : il en résulte que l'ébranlement provenant de C qui arrive ainsi au même temps T que l'ébranlement qui provient de B n'est plus concordant avec ce dernier : la phase du mouvement vibratoire n'est pas la même et varie avec la position du point C. Or, ce sont tous ces ébranlements qu'il faut composer en M. On voit que tous les mouvements envoyés par les points un peu éloignés de B sont sans influence sur l'état vibratoire en M, soit à cause de l'obliquité, soit surtout par suite des interférences. Il n'y a donc d'efficaces que les points très voisins de B, parce que

seuls ils envoient en M des ébranlements sensiblement concordants, dont les effets s'ajoutent dans la composition des
mouvements vibratoires. Si donc on met suivant SS une surface opaque avec un trou en B. le mouvement vibratoire en M
ne sera pas modifié sensiblement tandis qu'il sera supprimé pour
les points de A'A' éloignés de M. Donc, la lumière va se
trouver concentrée autour de KM qui est le rayon défini
comme normale à l'onde.

On démontrerait de même cette propriété si l'on avait deux
milieux différents, de part et d'autre de SS (réfraction, ou
si l'on considérait la réflexion sur la surface SS dans le cas
où une petite portion autour de B aurait seule un poli spéculaire.

8. Intensité. — Les *radiations* lumineuses ou sonores,
constituées par un mouvement vibratoire qui se propage par
onde, présentent diverses qualités parmi lesquelles une
des plus importantes est *l'intensité.*

Pour définir l'intensité d'une radiation comme une grandeur mathématique. nous nous appuierons sur la notion de
l'énergie vibratoire. L'énergie vibratoire est, par définition,
l'excès d'énergie que présente un corps ou un milieu. siège
d'un mouvement vibratoire, sur ce que serait son énergie si
ce mouvement vibratoire n'existait pas. les autres conditions
restant les mêmes.

Ainsi définie. l'énergie vibratoire E est, en général. la somme
de trois termes.

1° *L'énergie cinétique* U. ou demi-force vive $U = \frac{1}{2} \Sigma m v^2$;

2° *L'énergie potentielle* P. qui est due à la déformation du corps, et qui est égale à la somme changée de signe des travaux des forces intérieures, quand on passe de la position d'équilibre à la position actuelle $P = -\Sigma T$;

3° *L'énergie calorifique* Q, qui est mise en jeu quand le corps s'échauffe ou se refroidit et dont la valeur est égale au produit de la variation de température, par la capacité calorifique de la portion du corps considéré et par l'équivalent mécanique de la chaleur :

$$E = U + P + Q.$$

Quand une onde traverse un milieu parfaitement transparent, la partie calorifique Q de l'énergie vibratoire est ou constamment nulle ou reprenant périodiquement des valeurs alternativement positives ou négatives, donne une somme nulle dans la moyenne de l'énergie vibratoire pour un nombre entier de vibrations. On peut donc, sous ces deux réserves (milieu transparent, nombre entier de vibrations), négliger Q et écrire :

$$E = U + P$$

Pour mieux faire comprendre les raisons qui ont conduit à la définition de l'intensité que nous allons donner, considérons une onde lumineuse. On sait actuellement que la chaleur rayonnante et la lumière sont dues à un même agent physique, se manifestant par des effets différents, suivant les organes qui sont impressionnés : si ces radiations tombent sur l'œil, c'est le nerf optique qui est impressionné et on a une sensation de lumière ; si elles tombent sur une partie quelconque du corps, elles nous donnent l'impression de chaleur : nous admettrons que ces effets sont dus aux vibrations de l'éther.

Considérons un flux de radiations tombant sur une pile de

Melloni ABA'B' (*fig.* 15). Nous supposons cette pile recouverte sur sa face AB d'un vernis noir absorbant complètement toutes les radiations. Prenons le cas où celles-ci tombent normalement à la face AB. Considérons un cylindre ABCD de

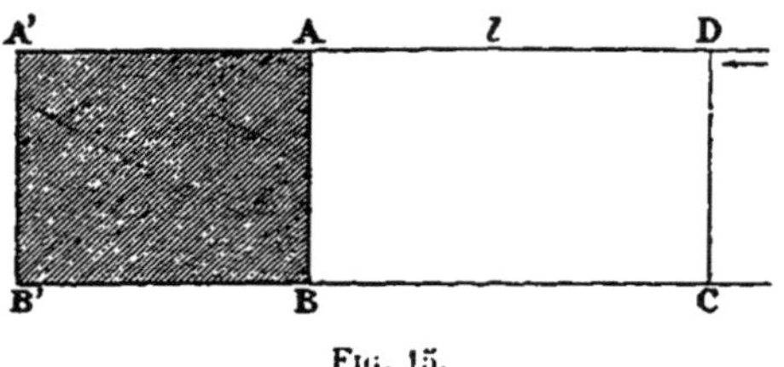

Fig. 15.

longueur l, parcouru par le mouvement vibratoire en un temps t, tel, par conséquent, qu'on ait

$$l = Vt.$$

Dans ce cylindre dont toutes les particules vibrent, il y a une certaine énergie vibratoire; ce mouvement vibratoire tombe sur AB, qui gagne ainsi pendant le temps t une quantité d'énergie égale à l'énergie vibratoire qui se trouvait dans le cylindre ABCD. C'est sous forme d'énergie calorifique que se fait ce gain d'énergie par la face AB; et la pile de Melloni accuse précisément l'énergie calorifique qu'elle reçoit des radiations pendant l'unité de temps. Or, dans ce cas, on a toujours pris, comme représentant l'intensité des radiations, l'indication de la pile de Melloni. En généralisant, il est donc naturel d'appeler *intensité d'une radiation* (lumineuse ou sonore) *la quantité d'énergie vibratoire tombant pendant l'unité de temps sur l'unité de surface d'un plan dirigé suivant l'onde incidente* (normalement aux rayons incidents dans le cas d'un milieu isotrope).

9. Expression mathématique de l'intensité. — On peut donner une expression mathématique de l'intensité ainsi définie, en fonction de trois quantités : 1° la masse spécifique ρ du milieu vibrant ; 2° la vitesse de propagation V du mouvement vibratoire dans ce milieu ; 3° la vitesse v_o d'une particule vibrante, quand elle repasse par sa position d'équilibre.

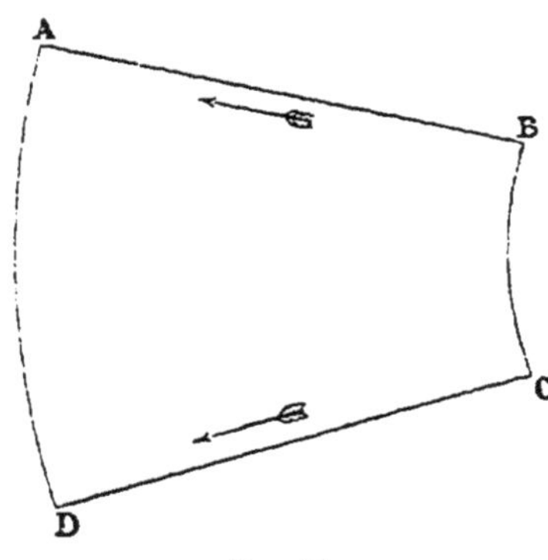

Fig. 16.

Pour cela, considérons, dans le milieu vibrant, un volume ABCD limité latéralement par une surface réglée dont les génératrices (AB, CD) sont dans la direction des rayons, et par des bases (AD, BC) qui sont des positions de l'onde. Calculons ce que ce volume renferme d'énergie vibratoire, en le prenant assez vaste pour pouvoir négliger le travail des forces extérieures devant celui des forces intérieures. L'importance des travaux des forces extérieures varie, en effet, comme la surface; celle des travaux des forces intérieures, comme le volume de la partie limitée ABCD.

Considérons une particule vibrante et soient v sa vitesse au moment considéré, m sa masse.

L'énergie cinétique du cylindre est :

$$U = \frac{1}{2} \Sigma m v^2. \tag{1}$$

Calculons son énergie potentielle.

C'est, comme on l'a vu, la somme des travaux des forces intérieures changée de signe, quand on passe de la position où toutes les particules sont en équilibre à la position actuelle.

Soit v_0 la vitesse d'une particule au moment où elle passe par sa position d'équilibre. La variation d'énergie cinétique de cette particule, en passant de cette position à une autre, est donnée, en désignant par T la somme des travaux des forces agissant sur elle, pendant le temps considéré par

$$\frac{1}{2} m (v^2 - v_0^2) = T$$

D'où, en faisant la somme de ces égalités par toutes les particules contenues dans le volume considéré, en remarquant que le travail des forces extérieures étant négligeable on a :

$$\Sigma T = - P.$$

et en désignant, comme ci-dessus, par U l'énergie cinétique $\frac{1}{2} \Sigma m v^2$, il vient

$$U + P = \frac{1}{2} \Sigma m v_0^2.$$

et, par conséquent

$$E = \frac{1}{2} \Sigma m v_0^2.$$

Ainsi l'énergie vibratoire est égale à la moitié de l'énergie cinétique que l'on aurait, si toutes les particules vibrantes possédaient au même moment la vitesse qu'elles ont en passant par leur position d'équilibre.

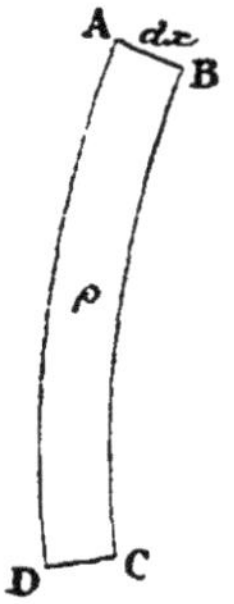

Considérons maintenant le cas ou le volume ABCD a ses génératrices de longueur infiniment petite (*fig.* 17) : désignons par s l'étendue de sa surface de base AD ou CB.

Toutes les particules étant comprises entre deux ondes infiniment voisines, v_0 est le même pour toutes.

Fig. 17.

On a donc

$$dE = \frac{1}{2} \Sigma m v_0^2 = \frac{1}{2} v_0^2 . \Sigma m = \frac{1}{2} v_0^2 dM.$$

dM étant la masse totale de la matière vibrant dans le cylindre. Si ρ est la masse spécifique de cette substance, on a

$$dM = \rho s dx$$

donc

$$dE = \frac{1}{2} v_0^2 \rho s dx.$$

AD reçoit l'énergie dE, pendant un temps dt donné par

$$dx = V dt.$$

La quantité d'énergie reçue par AD pendant l'unité de temps est donnée par

$$\frac{dE}{dt} = \frac{1}{2} v_0^2 \rho s \frac{dx}{dt}$$

ou, en remplaçant $\dfrac{dx}{dt}$ par sa valeur V, par

$$\frac{dE}{dt} = \frac{1}{2}\,c_0^2\,\rho s V.$$

Par conséquent, l'énergie vibratoire reçue par unité de temps sur l'unité de surface de AD, c'est-à-dire l'intensité I est donnée par

$$I = \frac{1}{2}\,\rho V c_0^2.$$

En particulier, si le mouvement vibratoire est sinusoïdal, on a

$$v = a \sin 2\pi\,\frac{t}{T}.$$

En un point quelconque, on a

$$v_0 = a$$

et, dans ce cas, v_0 représente la vitesse maximum; donc

$$I = \frac{1}{2}\,\rho V a^2.$$

L'intensité est proportionnelle au carré de l'amplitude de vitesse a.

10. Variation de l'intensité avec la distance au centre d'ébranlement. — Étudions la variation de l'intensité lorsqu'on s'éloigne du centre d'ébranlement, dans le cas où la propagation se fait dans un milieu non absorbant homogène et isotrope : les ondes sont dans ce cas des sphères concentriques.

1° Supposons d'abord un ébranlement durant un temps très court θ.

Au bout d'un temps t, après la fin de l'ébranlement, on trouve cet ébranlement entre deux sphères concentriques S et S' *fig*. 18) de rayons

$$R = Vt \qquad \text{et} \qquad R' = V(t + \theta).$$

Toute l'énergie vibratoire E se trouve entre ces deux sphères dont la différence de rayon $V\theta$ est indépendante de t.

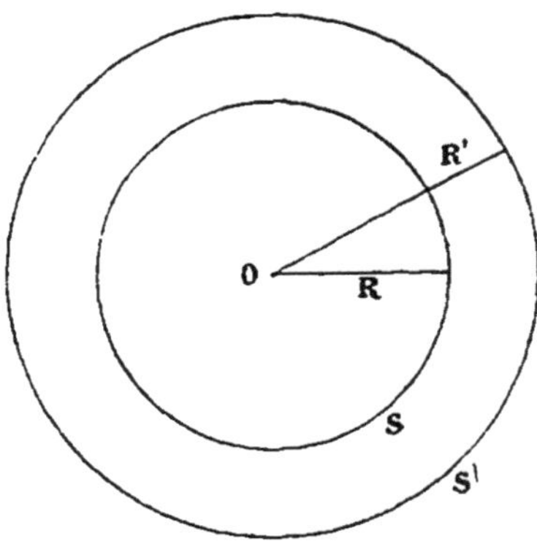

Fig. 18.

La quantité d'énergie qui tombe pendant le temps θ sur l'unité de surface de S' est donc

$$\frac{E}{4\pi R'^2}$$

Et pendant l'unité de temps est, en moyenne,

$$I = \frac{E}{4\pi R'^2 \theta}.$$

Pendant la propagation du mouvement, aucune force

extérieure n'agissant sur le système, l'énergie totale ne peut varier : l'énergie vibratoire entre les deux sphères reste constante : E est donc indépendant de R'.

Donc l'intensité moyenne I varie en raison inverse du carré de la distance R' au centre d'ébranlement.

2° Le cas le plus intéressant est celui où l'on a des vibrations périodiques durant un certain temps. Le résultat est encore le même, au moins si l'on est à une distance de la source assez grande, par rapport à la longueur d'onde du mouvement vibratoire.

On sait que, dans ce cas, l'élongation u est donnée par

$$u = \frac{1}{R} f(R - Vt)$$

et la vitesse vibratoire v par

$$v = \frac{\partial u}{\partial t} = - \frac{V}{R} f'(R - Vt).$$

Quand, pour une distance quelconque R, le temps t est tel que la particule repasse par sa position d'équilibre, c'est-à-dire tel qu'on ait $f(R - Vt) = 0$, la quantité $-Vf'(R - Vt)$ reprend toujours une même valeur A; on a donc, pour la vitesse v_0 d'une particule au moment où elle repasse par sa position d'équilibre.

$$v_0 = \frac{A}{R}.$$

Or, l'intensité I est donnée par

$$I = \frac{1}{2} \rho V v_0^2.$$

Donc

$$I = \frac{1}{2} \rho V \frac{A^2}{R^2}$$

Comme ρ, V et A sont indépendants de R, on retrouve bien la même propriété : *l'intensité varie en raison inverse du carré de la distance à la source.*

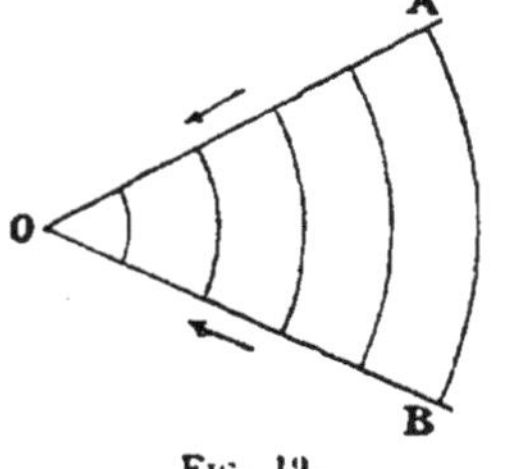

Fig. 19.

Cette loi est facile à vérifier pour les radiations lumineuses et calorifiques par la pile de Melloni.

Pour une onde plane $(R = \infty)$ l'intensité ne varie pas, quel que soit le point considéré sur un rayon.

Si les rayons convergent vers un foyer (*fig.* 19), l'intensité augmente à mesure qu'on s'en rapproche. En appliquant la loi que nous avons trouvée, elle tendrait vers l'infini. Mais la formule

$$v = \frac{1}{R} f(R - Vt),$$

dont nous nous sommes servis, n'est plus applicable au voisinage du foyer.

CHAPITRE II

MESURES DE LA VITESSE DE PROPAGATION
DE LA LUMIÈRE

Le premier physicien qui, pensant que la lumière ne devait
pas se propager instantanément, ait tenté de mesurer sa
vitesse de propagation, est Galilée [1]. Mais il employa une
méthode très grossière, qui n'aurait pu fournir de résultats
que si la vitesse de la lumière avait été du même ordre de
grandeur que celle du son : or, nous savons aujourd'hui
qu'elle est environ un million de fois plus grande que celle-ci.
Aussi Galilée n'obtint-il aucun résultat. Sa méthode était la
suivante : deux observateurs, munis chacun d'une lanterne
et d'un écran, se plaçaient d'abord à une petite distance l'un
de l'autre. L'un découvrait sa lanterne et l'autre s'exerçait à
découvrir la sienne aussitôt qu'il apercevait la lueur de la
première, jusqu'à ce qu'il n'y eut, entre ces deux opérations,
qu'un temps aussi petit que possible [2]. Puis, ils s'éloignaient

(1) GALILÉE, né à Pise, en 1564, mort en 1642.

à une certaine distance. 3 kilomètres par exemple, et recommençaient la même opération.

On voit facilement que si la lumière mettait un temps t pour aller d'un observateur à l'autre, le premier observateur devait apercevoir la lanterne de l'autre au bout d'un temps $2t + \theta$, après avoir découvert la sienne. Mais, pour une distance de quelques kilomètres, t étant de l'ordre du $\dfrac{1}{100\,000}$ de seconde est sans influence sensible sur la somme $2t + \theta$. Cette méthode ne peut donc donner la vitesse de la lumière.

Les méthodes qui ont permis de déterminer, d'une façon précise, cette vitesse se divisent en deux catégories :

1° *Méthodes fondées sur des observations astronomiques :*

2° *Méthodes fondées sur des expériences.*

Les méthodes astronomiques sont les plus anciennes ; c'est par elles que nous commencerons.

1. Méthode de Rœmer [1]. — Le premier astronome qui est arrivé à mesurer, avec quelque exactitude, la vitesse de la lumière est Rœmer, astronome danois, amené à Paris, par Picard ; il fit les observations relatives à ce sujet de 1672 à 1676. Cassini l'avait chargé d'étudier les occultations des satellites de Jupiter. Il constata des irrégularités, qu'il expliqua en admettant que la lumière avait une vitesse de propagation finie.

On connaissait à ce moment quatre satellites de la planète Jupiter. Le premier de ces satellites, le plus rapproché de cet astre, s'écarte peu, dans son mouvement, du plan de l'orbite de la planète. Aussi, à chaque révolution, plonge-t-il

(1) Rœmer, né à Copenhague, en 1644, mort en 1710.

dans le cône d'ombre que cette planète éclairée par le soleil produit derrière elle. Le satellite cesse donc, à des intervalles réguliers, d'être visible de la Terre. La durée de sa révolution autour de Jupiter étant de moins de deux jours, ce phénomène pourra être observé facilement un grand nombre de fois.

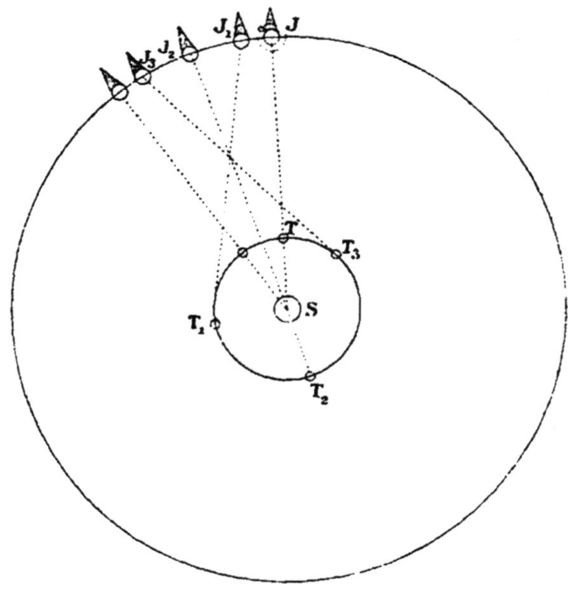

Fig. 20.

Supposons que la Terre se trouve en T en conjonction avec Jupiter (*fig.* 20). Observons les moments où le satellite cesse d'être visible : c'est ce qu'on appelle les occultations. Nous constatons que l'intervalle entre deux occultations reste le même pour un certain nombre d'occultations consécutives. Mais, au bout d'un certain temps, cet intervalle augmente : il devient maximum lorsque la Terre se trouve en T_1, la

ligne $J_1 T_1$ qui va de la position actuelle de Jupiter à la Terre
étant précisément dans la direction du déplacement de la
Terre. Puis, la Terre continuant à se déplacer, l'intervalle diminue : il repasse par sa valeur primitive. lorsque la Terre est
en opposition avec Jupiter en T_2; puis il continue à décroître
jusqu'en T_3, où il est minimum, et reprend de nouveau sa
valeur primitive à la conjonction suivante.

Voici l'explication que Rœmer a donnée de ce phénomène :

Prenons comme temps zéro le moment où le satellite
pénètre dans le cône d'ombre. L'occultation ne sera vue de
la Terre qu'un certain temps après. Si D est la distance de
la terre à Jupiter et V la vitesse de la lumière, l'occultation sera vue un temps $\dfrac{D}{V}$ après qu'elle se sera produite.

L'occultation suivante se produit réellement au temps t.
Mais. à ce moment, la distance de la Terre à Jupiter est
devenue $D + d$. L'occultation sera donc vue au temps
$t + \dfrac{D + d}{V}$. L'intervalle entre ces deux occultations vues
de la Terre est donc $t + \dfrac{d}{V}$. L'occultation suivante sera vue
de même un temps $t + \dfrac{d'}{V}$ après la seconde, d' étant l'accroissement de la distance pendant le temps qui sépare l'observation de ces deux occultations.

Donc, la première occultation après celle qui s'est produite
au temps 0 est observée un temps $t + \dfrac{d}{V}$ après celle-ci, la
seconde après un temps $2t + \dfrac{d + d'}{V}$, la troisième après un
temps $3t + \dfrac{d + d' + d''}{V}$: etc., la n^{me} après un temps $nt + \dfrac{\delta}{V}$

ᵟ étant l'accroissement de la distance entre Jupiter et la Terre depuis l'observation initiale jusqu'à la n^{me}.

Considérons, en particulier, ce qui va se passer lorsque la Terre étant d'abord en conjonction en T, vient en opposition en T_2. ᵟ est précisément le diamètre de l'orbite terrestre. S'il s'est produit K occultations, dans cet intervalle, le temps T_1 séparant l'observation des occultations extrêmes est

$$T_1 = Kt + \frac{\Delta}{V} \qquad (1)$$

Δ étant le diamètre de l'orbite terrestre.

Si la Terre se rapprochait de Jupiter au lieu de s'en éloigner, on aurait une formule identique, sauf que le signe de ᵟ serait changé. Si la Terre passe de l'opposition à la conjonction, le temps T_2 séparant l'observation des occultations extrêmes est donné par la formule :

$$T_2 = K't - \frac{\Delta}{V}. \qquad (2)$$

En ajoutant les égalités (1) et (2) on obtient :

$$T_1 + T_2 = (K + K') t. \qquad (3)$$

Nous aurons donc t, c'est-à-dire l'intervalle réel entre deux occultations, en divisant l'intervalle total par le nombre des occultations.

En retranchant l'égalité (2) de l'égalité (1) on a :

$$T_1 - T_2 = (K - K') t + 2\frac{\Delta}{V}. \qquad (4)$$

Connaissant t par l'équation (3), l'équation (4) nous donne $\frac{\Delta}{V}$.

$\dfrac{\Delta}{V}$ est le temps que met la lumière à traverser l'orbite terrestre.

A l'époque de Rœmer, les observations étaient encore peu précises, à cause de l'imperfection des instruments. On a reconnu, de plus, que t n'est pas absolument constant, mais présente des irrégularités périodiques, qui peuvent s'éliminer à l'aide d'un grand nombre d'observations. Delambre [1], qui a repris cette méthode, a mesuré l'intervalle séparant près d'un millier d'occultations.

Il a ainsi trouvé que le temps employé par la lumière à traverser l'orbite terrestre est de 16 minutes 26 secondes ou 986 secondes. A cette époque, Δ était mal connu. Depuis, on l'a déterminé plus exactement, par l'observation des passages de Mars ou de Vénus sur le disque du soleil. Sa valeur est de 296 000 000 de kilomètres. En divisant ce nombre par 986 on trouve pour V un nombre un peu inférieur à 300 000 kilomètres par seconde. Ce nombre est très sensiblement le même que celui qui est donné par les méthodes suivantes.

2. Méthode de Bradley [2]. — Après Rœmer, l'astronome anglais Bradley mesura, par un autre procédé, la vitesse de la lumière.

Il étudiait la position des étoiles circumzénithales, pour voir si elles éprouvaient de petits déplacements sur la sphère céleste. Il découvrit que leur mouvement présentait des irrégularités périodiques, et dont la période était précisément

<hr>

(1) DELAMBRE, astronome français, né à Amiens, en 1749, mort en 1822.
(2) BRADLEY, astronome anglais, né en 1692, mort en 1762.

la durée de révolution de la Terre autour du Soleil. Elles tenaient donc au mouvement de la Terre. Bradley donna à ce phénomène le nom d'*aberration* et il l'expliqua, comme nous allons le montrer, par la composition de la vitesse de la lumière et de la vitesse de déplacement de la Terre sur son orbite.

Rappelons d'abord comment on peut mesurer avec une lunette la distance angulaire de deux astres assez voisins pour être vus simultanément dans cette lunette.

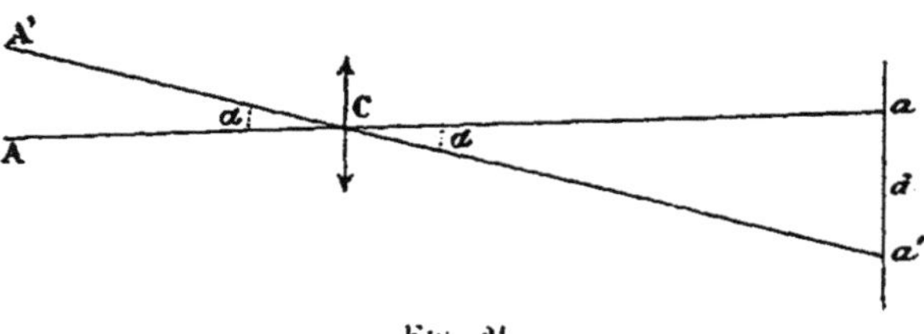

Fig. 21.

Les deux astres A,A' (*fig.* 21) donnent deux images réelles aa' dans le plan focal de l'objectif. Soit d la distance aa'. F la distance focale.

La distance angulaire α est l'angle ACA' qui est égal à aCa'. Comme aa' est toujours très petit par rapport à F, on a sensiblement :

$$\alpha = \frac{d}{F}.$$

Connaissant F, il suffit de mesurer d pour avoir α.

Supposons une lunette braquée sur une étoile, et soit a (*fig.* 22) l'image que donnerait cette étoile, si la Terre était immobile. Dans ce cas, une onde arrivant au temps zéro sur l'objectif se déformerait en traversant l'objectif et arriverait en a au temps θ, et si V est la vitesse de la lumière dans l'air (nous supposons la lunette remplie d'air), on aurait :

$$F = V\theta.$$

Mais, en réalité, pendant ce temps θ la Terre s'est déplacée et la lunette a été entrainée dans son mouvement : le centre optique de l'objectif est venu de O en O'.

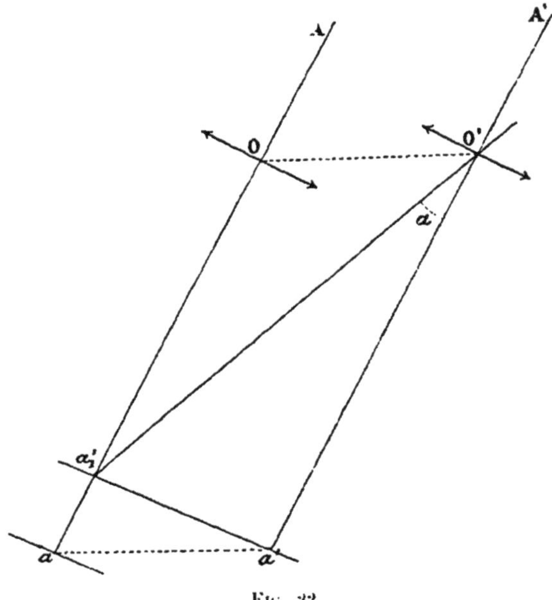

Fig. 22.

Prenons pour plan de la figure un plan passant par le rayon venant de l'étoile et la direction du mouvement de la Terre. Le réticule est venu de a en a' et l'on a :

$$OO' = aa' = v\theta$$

v étant la vitesse de déplacement de la Terre.

Or, l'onde lumineuse n'est pas entraînée dans le mouvement de la Terre (ceci serait rigoureux si le vide existait dans la lunette et reste très approximativement exact si la lunette est pleine d'air). Par suite l'image s'est encore formée en a, elle n'est donc plus dans le plan focal, mais la distance aa'_1 étant très petite, l'image est encore vue nettement et l'observateur la pointe comme si elle était en a'_1, projection de a sur le plan focal.

Or, si la Terre était immobile, l'observateur aurait pointé l'image de l'étoile en a' : l'aberration cause donc un déplacement de l'image égale à $a'a'_1$. Évaluons ce déplacement :

Soit i l'angle que fait la direction du déplacement de la Terre avec les rayons venant de l'astre :

$$i = Oaa'.$$

Dans le triangle $aa'a'_1$ on a :

$$aa'_1 = aa' \sin i = r\vartheta \sin i.$$

Quelle est l'erreur angulaire due à cette cause, c'est-à-dire quelle est la valeur de l'aberration ?

L'astre se trouve en réalité dans la direction $a'O'$ et on le voit dans la direction a'_1O'. L'angle de ces deux directions, l'aberration α, est donné, d'après la formule établie au début, par :

$$\alpha = \frac{a'a'_1}{F} = \frac{r\vartheta \sin i}{F}.$$

et en remplaçant $\dfrac{\vartheta}{F}$ par sa valeur $\dfrac{1}{V}$ on a :

$$\alpha = \frac{v}{V} \sin i.$$

Cet écart a lieu dans le plan de la figure, et on voit l'étoile en avant de sa position réelle dans le sens du mouvement de la Terre. $\frac{v}{V}$ étant très petit l'aberration z est très faible.

Pour une étoile située au pôle de l'écliptique on a constamment $i = 90°$. Donc

$$z \quad \frac{v}{V}.$$

On voit toujours l'étoile non dans la direction OA (*fig.* 23) du pôle de l'écliptique, mais dans une direction faisant avec celle-ci un angle constant z dans le plan déterminé par OA et la direction du déplacement de la Terre. Pendant une année, cette direction tourne dans l'espace en restant tangente à l'orbite terrestre et reprend la même position au bout d'un an. Donc, la ligne OA' décrit en un an un cône de révolution autour de OA. Ce cône découpe sur la sphère céleste un cercle que l'étoile semble décrire.

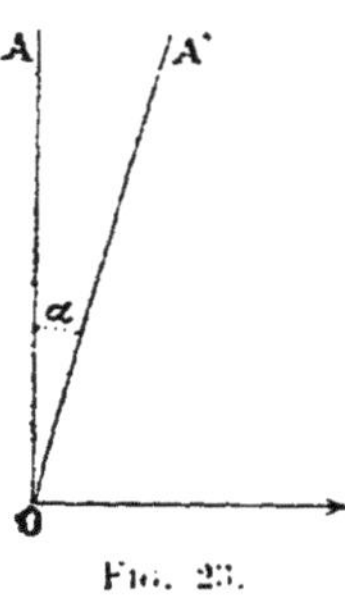

Fig. 23.

Supposons maintenant une étoile dans le plan de l'orbite terrestre : la ligne OA' est aussi dans ce plan : sa trace sur la sphère céleste semble décrire une petite droite. L'aberration z est maximum et égale à $\frac{v}{V}$ pour $i = 90°$, ce qui a lieu quand la Terre se déplace perpendiculairement à la direction des rayons envoyés par l'étoile. Un quart d'année après, le mouvement de la Terre se fait dans la direction de ces rayons : alors l'aberration est nulle. Puis un quart d'année après, elle est de nouveau maximum, mais en sens inverse, et ainsi de suite. L'étoile semble donc osciller autour de sa position réelle, l'amplitude angulaire de cette oscillation étant égale au double de l'écart angulaire maximum, c'est-à-dire à $2\frac{c}{V}$.

Pour une étoile située à une latitude λ, on démontre qu'elle décrit sensiblement une ellipse, dont le grand axe est parallèle au plan de l'écliptique et égal à $2\frac{c}{V}$, et dont le petit axe est égal à $2\frac{c}{V}\sin\lambda$.

En mesurant le grand axe de cette ellipse pour une étoile quelconque, on aura donc la valeur de $\frac{c}{V}$; soit $A = \frac{c}{V}$ cette valeur.

D'autre part, soit Δ le diamètre de l'orbite terrestre et n le nombre de secondes d'une année tropique. La vitesse de déplacement c de la Terre est le quotient du chemin parcouru $\pi\Delta$ par le nombre de secondes n :

$$c = \frac{\pi\Delta}{n}.$$

Or

$$V = \frac{c}{A} = \frac{\pi\Delta}{nA}.$$

Donc

$$\frac{\Delta}{V} = \frac{nA}{\pi}.$$

On obtient donc encore ici, comme dans la méthode de Rœmer, le temps que met la lumière à traverser l'orbite terrestre.

Des observations récentes basées sur cette méthode ont donné :

$$A = \frac{c}{V} = \text{arc } 20''.2.$$

On trouve ainsi :

$$\frac{\Delta}{V} = 984 \text{ secondes, soit 16 minutes 24 secondes,}$$

résultat très peu différent de celui de Rœmer.

3. Méthodes expérimentales. — Méthode de M. Fizeau.

— La première des méthodes expérimentales qui aient servi à mesurer la vitesse de la lumière est due à M. Fizeau,

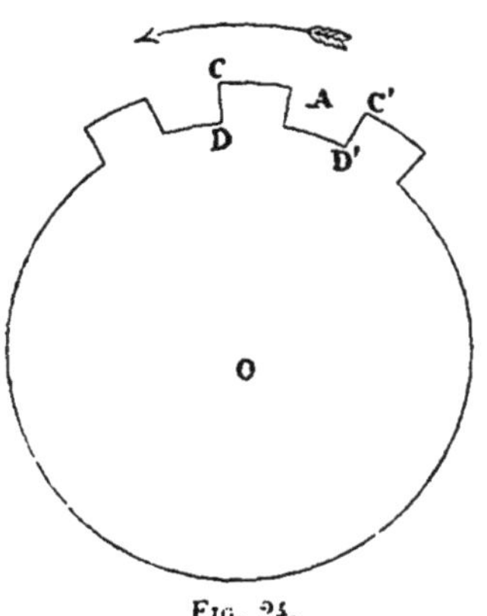

Fig. 24.

qui l'a appliquée pour la première fois en 1849.

Principe de la méthode. — Considérons une roue O (*fig.* 24) portant des dents rectangulaires égales à l'intervalle séparant deux dents consécutives. Faisons tourner rapidement cette roue autour d'un axe horizontal O. Imaginons que, par un procédé optique quelconque, on produise, dans le plan de la roue, et dans la région où sont les dents, l'image réelle d'un point lumineux fixe très brillant situé en avant de la roue. Soit A cette image. La lumière passe de l'autre côté de la roue tant qu'en A se trouve un espace vide.

Supposons que la lumière qui passe soit reçue par un miroir situé à une station éloignée, et qu'elle soit renvoyée de façon à revenir converger au même point A. Si la roue était immobile et si en A se trouvait un vide, un observateur placé en avant de la roue verrait la lumière renvoyée par le miroir.

Soit θ le temps employé par la lumière pour aller de A à la station éloignée et pour en revenir. Soit T le temps que met dans le mouvement de la roue le bord antérieur C'D' d'une dent à se substituer au bord antérieur CD de la dent précédente. c'est-à-dire la période.

Supposons d'abord que la roue tourne lentement, de façon que le temps θ soit très petit par rapport au temps $\frac{T}{2}$ que met une dent à se substituer au vide précédent. La lumière partant de A y revient, avant qu'une dent ne puisse intercepter la lumière de retour.

Pendant tout le temps que A se trouvera dans un vide, l'observateur reçoit la lumière de retour ; ensuite la lumière est interceptée par le plein de la dent.

La lumière arrivera donc à l'œil de l'observateur d'une façon intermittente. mais à cause de la persistance des impressions sur la rétine. il aura une impression lumineuse continue.

Augmentons la vitesse de la roue. Il arrive un moment où le temps T prend une valeur T_1 telle que:

$$\theta = \frac{T_1}{2}$$

c'est-à-dire que θ est égal au temps que met une dent à se superposer au vide précédent. A ce moment, l'observateur ne verra plus rien : en effet. de la lumière est envoyée à la station éloignée lorsqu'en A se trouve un vide. Cette lumière revient en A au bout du temps $\frac{T_1}{2}$ et elle est interceptée puisque, à ce moment, la dent suivante a pris la place du vide.

Pour peu que la vitesse de la roue augmente, il est facile de voir qu'il n'y aura plus extinction complète, et si le temps

T prend une valeur T_2 telle que :

$$\theta = T_2$$

pendant le temps que met un rayon parti de A pour y revenir. la roue a tourné de façon qu'un vide s'est substitué au vide précédent : on se retrouve donc dans le même cas que lorsque la roue tournait très lentement et on a la même impression lumineuse.

Si la vitesse augmente encore, on aura une nouvelle éclipse pour une valeur T_3 de T. telle que :

$$\theta = 3\,\frac{T_3}{2}$$

et d'une façon générale il y aura éclipse toutes les fois que θ sera égal à un nombre impair de demi-périodes.

Considérons la roue partant du repos, et augmentons sa vitesse jusqu'à ce qu'on observe la première éclipse. Nous aurons alors :

$$\theta = \frac{T_1}{2}$$

T_1 peut être mesuré facilement : on connait donc θ. En divisant le double de la distance des deux stations par ce temps θ on aura la vitesse V de la lumière.

On peut, d'ailleurs, faire plusieurs mesures : continuons à augmenter la vitesse jusqu'à ce qu'on observe la seconde éclipse. Alors :

$$\theta = 3\,\frac{T_3}{2}$$

en mesurant T_3 on a un nouveau moyen de déterminer θ. Il en est de même pour chaque nouvelle éclipse. La n^{me} éclipse nous donne pour θ une n^{me} détermination d'autant plus précise que n est plus grand. En effet, une éclipse a lieu exactement lorsque θ est égal à un nombre impair de demi-périodes puisque, dans ces conditions, une dent se substitue exactement à un vide pendant le temps θ. Mais il est clair que, pour l'œil, l'éclipse paraîtra encore avoir lieu lorsque la dent occupera une position très voisine de celle qu'avait le vide, c'est-à-dire lorsque θ sera égal à un nombre impair de demi-périodes, plus une petite fraction de cette période. La détermination de la vitesse de la roue correspondant à une éclipse est donc susceptible d'une erreur égale à une petite fraction de la période T. Or, cette période T est d'autant plus petite que n est plus grand. La précision est donc d'autant plus grande que n est plus grand.

Possibilité de la mesure. — Avant d'essayer une méthode expérimentale, on doit toujours s'assurer, par un calcul reposant sur la connaissance approchée de la grandeur qu'on veut mesurer, si la méthode est capable de donner avec une précision convenable la grandeur cherchée et si elle n'exige pas pour cela des conditions (dimensions des appareils, vitesse, etc.) impossibles ou très difficiles à réaliser. Examinons à ce point de vue la méthode de M. Fizeau.

Prenons une distance de 15 kilomètres entre la station où se trouve la roue dentée et celle où se trouve le miroir. La lumière, d'après les observations astronomiques, ayant une vitesse voisine de 300 000 kilomètres par seconde, il s'écoulera entre l'émission de la lumière à la roue dentée et son retour un temps θ voisin de

$$\frac{2 \times 15}{300\ 000} = \frac{1}{10\ 000}$$

de seconde. Tel devra donc être la durée $\frac{T}{2}$ d'une demi de période L de la roue dentée pour observer la première éclipse. Si la roue porte N dents et fait n tours par seconde, la période T est donnée par

$$T = \frac{1}{Nn}; \qquad \text{d'où} \qquad \frac{1}{2Nn} = \frac{1}{10\,000}$$

ou

$$Nn = \frac{10\,000}{2} = 5\,000$$

En donnant au nombre de dents N la valeur 1 000, ce qui n'a rien d'exagéré, on voit que le nombre n de tours par seconde de la roue dentée devra être égal à 5, ce qui est une vitesse modérée, facile à obtenir et à mesurer exactement. On peut même aisément obtenir des vitesses dix ou quinze fois plus grandes, ce qui rendra, comme nous l'avons vu, l'observation plus précise ; *a priori* la méthode de M. Fizeau paraît donc susceptible de fournir une bonne mesure de la vitesse de la lumière.

Étude de l'aspect du phénomène. — Lorsqu'on fait varier la vitesse de la roue, les éclipses successives ne se produisent pas brusquement ; l'intensité lumineuse va en décroissant peu à peu jusqu'à devenir nulle. L'œil reçoit une lumière discontinue qui donne une impression lumineuse continue, par suite de la persistance des impressions sur la rétine. L'intensité de cette impression dépend de la quantité de lumière reçue dans l'unité de temps.

Pendant la durée d'une période T les rayons ne reviennent à l'œil que pendant un temps $T' < T$. Pendant un temps aT

la somme des temps pendant lesquels la lumière revient à l'œil
est nT'. Nous appellerons *intensité* i de l'impression lumineuse le rapport entre la quantité de lumière reçue par l'œil
dans un temps déterminé et la quantité de lumière qui serait
reçue s'il n'y avait pas de dents :

$$i = \frac{nT'}{nT} = \frac{T'}{T}.$$

L'intensité est donc égale à la fraction de période pendant
laquelle les rayons reviennent à l'œil. Nous allons calculer
cette fraction de période.

Supposons d'abord les dents rectangulaires et la largeur
d'une dent égale à l'espace vide (*fig.* 24). Prenons pour
temps zéro le moment où le point lumineux A est démasqué
pour l'émission. Soit t l'époque de l'émission d'un rayon.
Nous pouvons toujours prendre $t < T$, puisqu'il suffit de considérer ce qui se passe dans une seule période. Le temps
pendant lequel des rayons peuvent être émis, pendant une
seule période, varie de 0 à $\frac{T}{2}$ puisqu'au bout du temps $\frac{T}{2}$
la dent suivante sera venue cacher A. Donc t est inférieur ou
au plus égal à $\frac{T}{2}$.

Le rayon parti de A au temps t revient au temps $t + \theta$.
Suivant qu'à ce moment on aura en A un plein ou un vide, le
rayon sera reçu ou non. Donc, si $t + \theta$ est compris entre
0 et $\frac{T}{2}$, A se trouve encore dans un vide et le rayon passe :
si $t + \theta$ est compris entre $\frac{T}{2}$ et T le rayon ne passe pas.

D'une façon générale, si $t + \theta$ est compris entre :

$$nT \quad \text{et} \quad nT + \frac{T}{2},$$

le rayon passe : si $t + \theta$ est compris entre :

$$nT + \frac{T}{2} \quad \text{et} \quad (n+1)T,$$

le rayon est intercepté.

Soit n le plus grand nombre de périodes compris dans θ. Posons :

$$\theta = nT + \theta'.$$

Si

$$nT < t + \theta < nT + \frac{T}{2},$$

on a :

$$0 < t + \theta' < \frac{T}{2}. \qquad\qquad (1)$$

Dans ce cas le rayon passe.

Il sera intercepté si

$$\frac{T}{2} < t + \theta' < T. \qquad\qquad (2)$$

Prenons le rayon émis au temps $t = 0$, et supposons $< \frac{T}{2}$: ce rayon passe, et il en sera de même d'après l'inégalité (1) pour tous les rayons émis jusqu'à une époque t_1 telle que :

$$t_1 + \theta' = \frac{T}{2}.$$

Le temps pendant lequel la lumière revient à l'œil est donc

le temps t_1 :

$$t_1 = \frac{T}{2} - \theta'.$$

et l'intensité i est donnée par

$$i = \frac{t_1}{T} = \frac{\frac{T}{2} - \theta'}{T}.$$

Étudions la variation de cette intensité lorsque θ' varie. Portons en abscisse (*fig.* 25) les valeurs de θ' et en ordonnées les valeurs correspondantes de i.

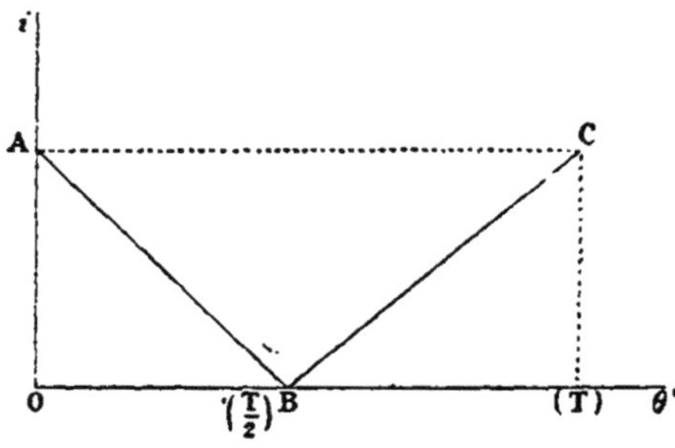

Fig. 25.

Pour $\theta' = 0$ $i = \frac{1}{2}$ c'est la valeur maximum. θ' augmentant. i diminue jusqu'au moment où $\theta' = \frac{T}{2}$; on a alors $i = 0$. L'expression de i étant du premier degré en θ', la courbe représentative est une droite AB.

Supposons maintenant que θ' soit compris entre $\frac{T}{2}$ et T.

Pour $t = 0$ l'inégalité (2) est satisfaite : le rayon émis au temps 0 est intercepté. Il en sera de même pour tous les rayons émis jusqu'à une époque t_2 telle que :

$$t_2 + \theta' - T.$$

La lumière émise après cette époque $t_2 = T - \theta'$ passera au retour. D'ailleurs la lumière émise cesse au temps $\dfrac{T}{2}$. Par suite, la lumière reçue est émise pendant un temps T' :

$$T' = \frac{T}{2} - t_2 = \theta' - \frac{T}{2}.$$

Donc l'intensité $i = \dfrac{T'}{T}$ est dans ce cas :

$$i = \frac{\theta' - \dfrac{T}{2}}{T}.$$

Construisons la portion de la courbe correspondant à la variation de θ' entre $\dfrac{T}{2}$ et T. Pour $\theta' = \dfrac{T}{2}$, $i = 0$; pour $\theta' = T$, $i = \dfrac{1}{2}$.

Entre ces deux points la courbe est une droite BC.

Nous pouvons maintenant représenter la variation de i quand on fait varier θ (*fig.* 26). θ' reprenant toujours les mêmes valeurs entre 0 et T, il suffit de transporter cette courbe ABC parallèlement à elle-même en augmentant les abscisses de T, 2T. 3T. etc.

D'après ce qui précède, on peut arriver à une représentation de l'intensité commode pour saisir d'un coup d'œil l'ensemble du phénomène et qui s'applique également au cas où les dents ne sont pas égales aux vides: représentons la position de la roue au moment de l'émission d'un

rayon *fig. 27*, puis sa position au moment où le rayon
revient à son point de départ. Il y a entre les dents de la

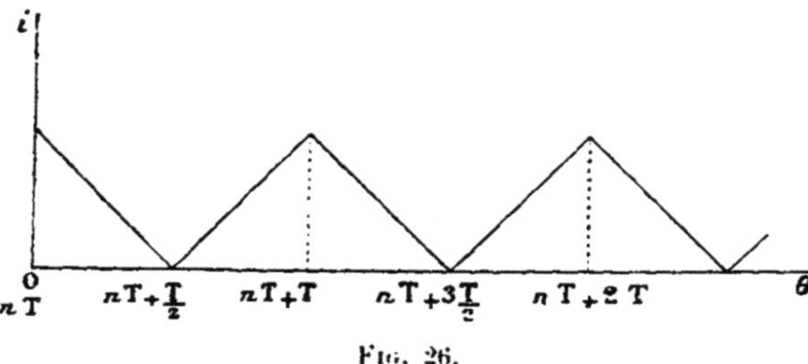

Fig. 26.

roue dans ces deux positions des espaces vides, tels que
ABCD : on voit facilement que l'intensité, telle que nous

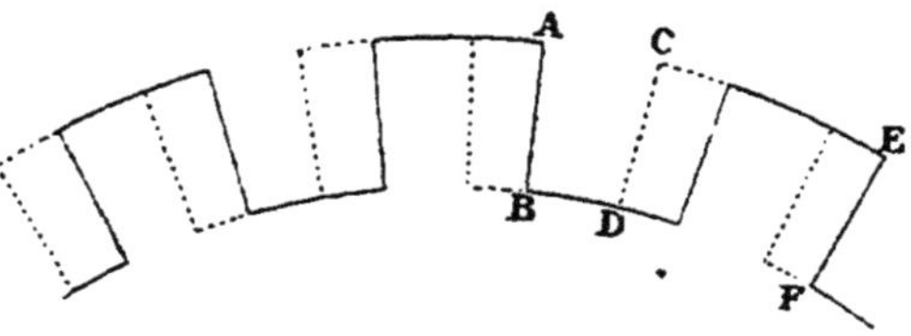

Fig. 27.

l'avons définie, est égale au rapport des surfaces de cet
espace vide et de l'espace ABEF, comprenant un vide et une
dent

$$i = \frac{ABDC}{ABEF}.$$

Supposons les dents plus petites que les vides *fig. 28*, on
voit que, dans ce cas, l'espace vide total, qui se compose de
ABDC et de EFGH, reste constant pendant un certain temps :
l'intensité pendant ce temps reste constante, et elle ne s'annule jamais. La ligne représentative a donc l'aspect de la
figure 29.

Si, au contraire, les dents sont plus grandes que les espaces

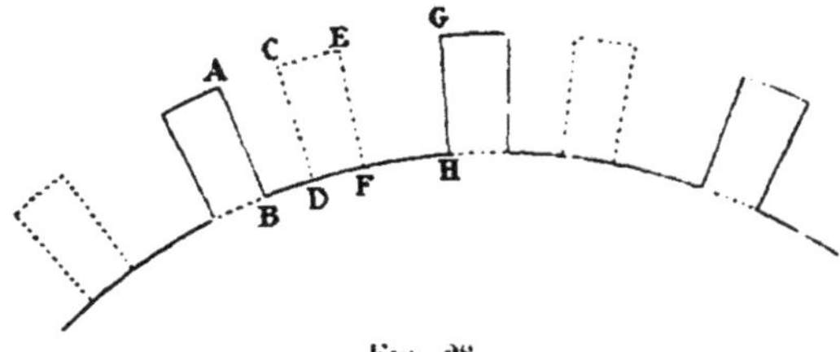

Fig. 28.

vides (*fig.* 30), il y a une période pendant laquelle l'intensité

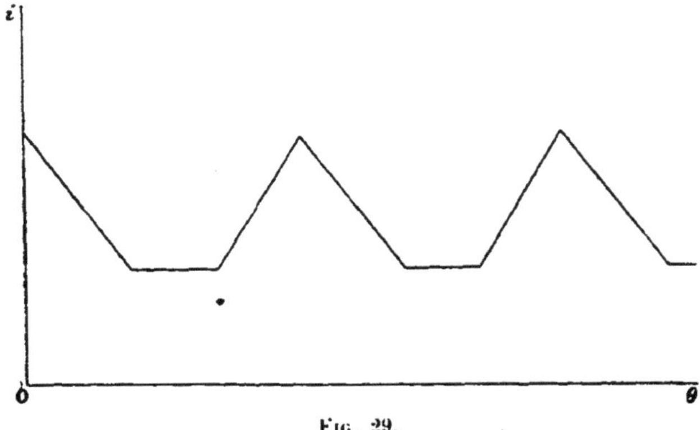

Fig. 29.

reste constamment nulle; on a alors pour représenter l'in-

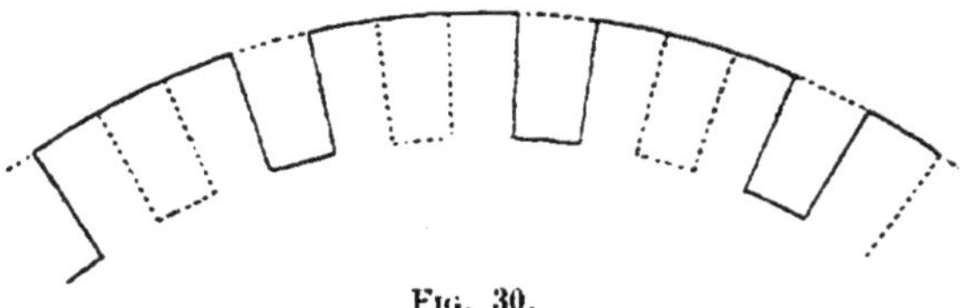

Fig. 30.

tensité la figure 31. Nous verrons plus loin l'importance de
ces remarques.

Disposition expérimentale. — Voici quelle était la disposition employée par M. Fizeau :

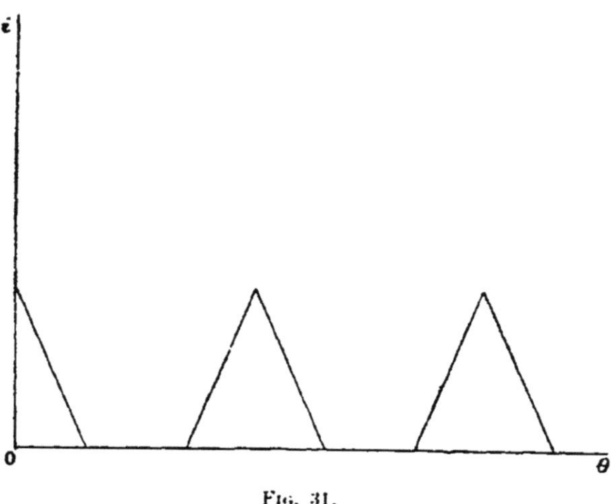

Fig. 31.

Pour obtenir un point lumineux dans le plan de la roue
dentée, il employait un point lumineux brillant S (*fig.* 32),
dont une lentille L donnait une image réelle S'. Une glace

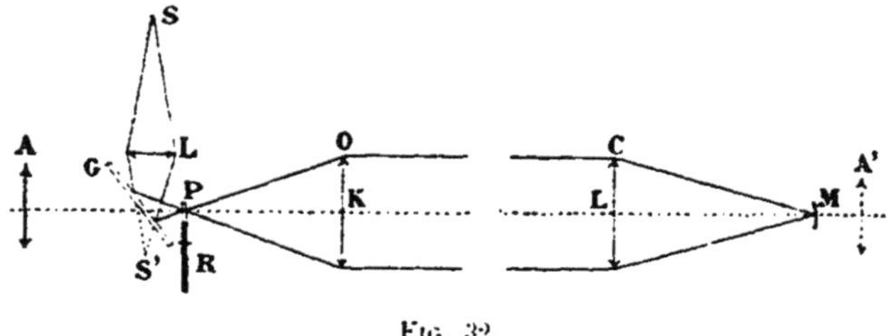

Fig. 32.

sans tain G était interposée entre L et S' de façon à donner
en P une image réelle de S': c'est cette image située dans
le plan de la roue R qui était le point lumineux A. Les

rayons issus de ce point étaient reçus sur une lentille convergente O dont le foyer était précisément en P.

Par suite, ils formaient à la sortie de la lentille un faisceau de rayons parallèles. A plusieurs kilomètres de là, le faisceau était reçu par une lentille convergente C qui faisait converger les rayons en son foyer M. C'est en ce point M qu'on plaçait un petit miroir qui les renvoyait sur la lentille C ; celle-ci rendait parallèles les rayons, qui, après avoir traversé la lentille O, convergeaient au point P. A première vue, il pourrait sembler que la lentille C n'est pas indispensable et qu'on aurait pu se borner à envoyer les rayons sur un miroir plan M. Mais le plus petit défaut d'orientation de M aurait alors suffi pour que le faisceau ne revînt pas en P.

Avec la lentille C un petit défaut d'orientation de M n'a pas d'influence, car une petite portion du faisceau échappe seulement à la lentille C, et n'est pas renvoyée. Cet inconvénient est d'ailleurs facile à éviter.

Enfin un oculaire A recevant les rayons qui ont traversé la glace G permet de voir le point lumineux P formé par la lumière de retour.

Pour qu'on puisse recevoir la lumière de retour, il faut que les axes des deux lentilles coïncident avec la ligne PM. On assure cette coïncidence de la façon suivante : on place en P un réticule ; l'oculaire A, ce réticule et la lentille O constituent une lunette astronomique. On vise avec ce système la lentille C et on amène l'image de son centre à coïncider avec le réticule. A ce moment, ce centre se trouve sur l'axe optique PK du premier système. Puis on met à la place du miroir M un réticule et par derrière un oculaire A' de façon à compléter une lunette astronomique à la seconde station ; on place en S un point lumineux qui forme son image en P et on regarde cette image dans la lunette astronomique de la seconde station. On déplace alors le réticule de cette lunette jusqu'à ce qu'il coïncide avec l'image de P. Alors, l'axe optique ML de cette lunette coïncide avec l'axe PK de la première. Il suffit ensuite de substituer le miroir au réticule en M et de l'orienter, de façon que tous les rayons réfléchis retombent sur la lentille C.

M. Fizeau employa cette méthode en 1849 entre une maison de Paris et Suresnes. Il arriva ainsi au nombre de 315 000 kilomètres par seconde pour la vitesse de la lumière. Mais il ne considéra ces expériences que comme un essai de la méthode.

4. Expériences de M. Cornu. — En 1874, M. Cornu a repris la méthode de M. Fizeau, en y ajoutant quelques perfectionnements.

M. Cornu ne cherchait pas à rendre constante la vitesse de la roue qui, comme dans les expériences de Fizeau, était actionnée par un mouvement d'horlogerie. Il la laissait, par exemple, croître et se bornait à saisir le moment d'une éclipse, et à déterminer la vitesse en ce moment.

Par suite de différentes causes : aberrations de sphéricité des lentilles, phénomènes de diffraction, défaut d'homogénéité de l'air, il ne se produit pas d'éclipse parfaite lorsque les vides de la roue sont égaux aux pleins. Aussi, M. Cornu n'employait-il pas des dents rectangulaires. Sa roue était munie de dents triangulaires (*fig.* 33). Avec cette disposition, on peut, en abaissant ou relevant un peu la roue dans son plan et laissant fixe le point lumineux, faire varier le rapport des vides et des pleins dans leur partie utile : on peut arriver par tâtonnement à avoir une éclipse presque parfaite.

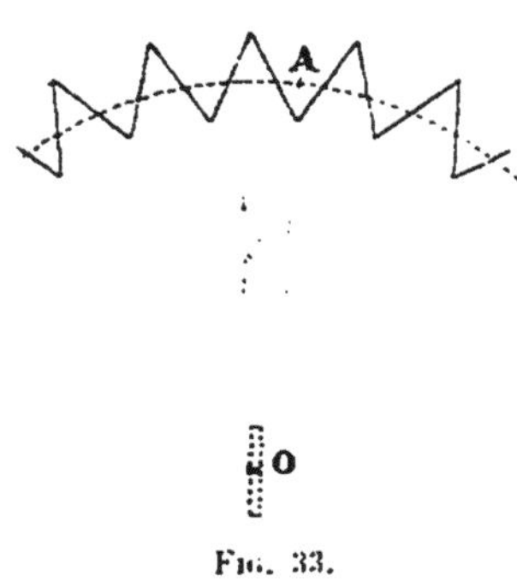

Fig. 33.

D'ailleurs, on ne notait pas le moment de cette éclipse ; on saisissait le moment a où l'image avait une certaine intensité voisine du minimum, puis le moment b où elle reprenait la même intensité après le minimum. La moyenne arithmétique de ces deux temps correspondait sensiblement à l'époque du minimum.

Un cylindre inscripteur muni de tracelets permettait d'inscrire le moment a et b et la vitesse de la roue à chaque instant. Pour cela, ce cylindre, qui tournait en se déplaçant dans la direction de son axe, était muni de quatre tracelets : l'un d'eux commandé par une horloge astronomique faisait une marque sur le cylindre, à chaque seconde. Pour subdiviser ces secondes, un tracelet était porté par une lame d'acier vibrant faisant 10 vibrations complètes par seconde et entretenue électriquement. Un troisième tracelet faisait une marque à chaque tour d'une des roues du mouvement d'horlogerie, actionnant la roue dentée ; un tour de cette roue correspondait, suivant les expériences, à 40 ou 400 tours de la roue dentée. Les indications de ce tracelet donnaient donc la vitesse de la roue. Enfin, un dernier tracelet était commandé directement par l'opérateur, de façon à noter les époques que nous avons désignées par a ou b. En opérant par cette méthode entre l'École polytechnique et le Mont Valérien,

M. Cornu a trouvé le nombre:

$$298\ 500 \text{ kilomètres par seconde.}$$

La distance des deux postes était 10310 mètres. Une seconde série d'observations faites avec beaucoup de soin, entre l'Observatoire de Paris et la Tour de Montlhéry, sur une distance de 23 910 mètres, a donné le nombre

$$300\ 400 \text{ kilomètres par seconde.}$$

Dans ces dernières expériences, l'objectif O employé avait une ouverture de 37 centimètres, et une distance focale de 885 centimètres. Les dimensions de la lentille collimatrice C étaient un peu plus faibles. Son ouverture était de 15 centimètres, sa distance focale de 200 centimètres.

5. Méthode de Foucault [1]. — Le principe de la méthode imaginée par Foucault est tout différent de la méthode de M. Fizeau : il repose sur l'emploi d'un miroir tournant.

Wheatstone a imaginé le premier l'emploi d'un miroir tournant pour mesurer de grandes vitesses de propagation. Arago eut l'idée d'appliquer cette méthode à la lumière, mais le procédé qu'il a indiqué ne pouvait donner de bons résultats, et c'est Foucault qui, le premier, a réalisé une disposition expérimentale permettant d'appliquer la méthode du miroir tournant. En voici le principe.

Un rayon lumineux (*fig.* 34) partant d'un point A, va frapper un miroir M tournant rapidement autour d'un axe O situé dans son plan et perpendiculaire au plan de la figure. Ce rayon est renvoyé par le miroir M sur un second

[1] Foucault, physicien français, né à Paris, en 1819, mort en 1868.

miroir immobile K normal à la direction OK. Le rayon revient sur lui-même suivant KO et se réfléchit de nouveau sur le miroir M. Si, pendant le temps θ que met la lumière à aller de O en K, puis de K en O, le miroir M ne s'est pas déplacé, le rayon réfléchi suivra le chemin OA_1 et reviendra en A_1 à son point de départ. Mais si, pendant le temps θ, le miroir a tourné d'un angle α, le rayon de retour prendra une position OA_2, l'angle A_1OA_2 étant égal à 2α.

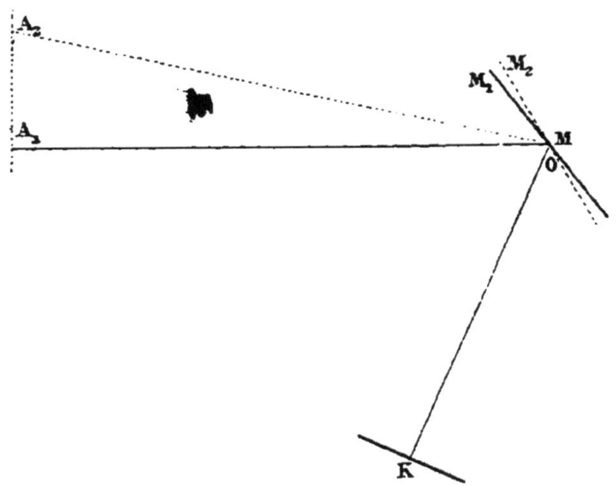

Fig. 34.

Supposons qu'on reçoive ce rayon sur un écran perpendiculaire à OA_1. Mesurons A_1A_2, on a :

$$A_1A_2 = A_1M \, \mathrm{tg}\, 2\alpha,$$

connaissant A_1A_2 et AM on a donc α.

Soit n le nombre de tours du miroir par seconde. En une seconde l'angle décrit est $n.2\pi$. Pendant le temps θ, l'angle décrit est $2n\pi\Theta$. Donc:

$$x = 2n\pi\Theta$$

Comme nous avons mesuré x, cette équation nous donne Θ:

$$\Theta = \frac{\alpha}{2n\pi}$$

D'ailleurs, si D est la distance OK, la lumière met le temps Θ à parcourir l'espace 2D. Donc la vitesse de la lumière V est:

$$V = \frac{2D}{\Theta}.$$

L'avantage de cette méthode consiste en ce qu'elle peut donner des résultats précis, même avec de petites valeurs de D. Dans les premières expériences de Foucault, cette distance était de 4 à 5 mètres.

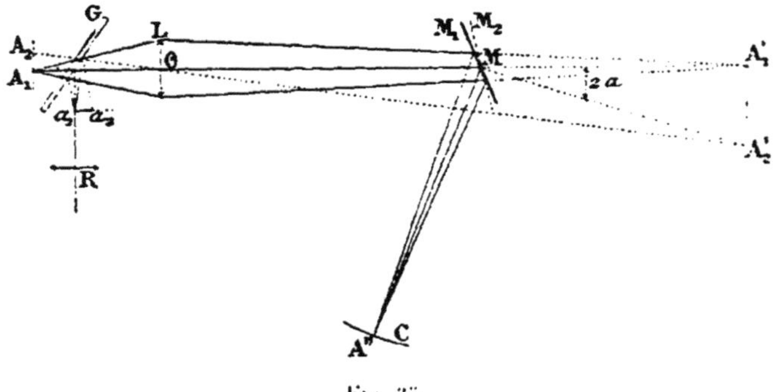

Fig. 35.

Disposition expérimentale. — Les rayons issus d'un objet linéaire A_1 (*fig.* 35) perpendiculaire au plan de la figure tombent sur une lentille L de centre optique O, qui donne en

A_1' une image réelle de A_1. Entre la lentille et cette image on interpose le miroir tournant M ; ce miroir donne une image A' symétrique de A_1'. On place en A″ un miroir concave C ayant son centre en M. De cette façon, les rayons venant de M y reviennent tant qu'ils tombent sur le miroir concave. Si le miroir était immobile, ces rayons suivraient le chemin de l'aller et reviendraient en A_1. Si le miroir tourne, ils reviennent en un point A_2. Pour observer commodément le déplacement A_1A_2, on place en G une glace sans tain inclinée à 45° sur A_1M, et au lieu d'observer le déplacement du point lumineux de A_1 en A_2, on l'observe de a_1 en a_2 à l'aide d'un microscope R muni d'un micromètre oculaire.

Évaluons l'angle α dont le miroir a tourné pendant le temps Θ. Désignons par e le déplacement mesuré

$$e = a_1a_2 = A_1A_2.$$

Soit M_1 la position du miroir au moment où un rayon part de M pour aller en A' et M_2 sa position quand le rayon revient en M : $M_1MM_2 = \alpha$. Les rayons revenant de A″ rencontrant le miroir dans la position M_2 semblent venir du point A_2' symétrique de A' par rapport à M_2 ; par suite, A_2 est sur la ligne $A_2'O$.

Dans les deux triangles semblables A_1OA_2 et $A_1'OA_2'$ on a :

$$\frac{A_1A_2}{A_1'A_2'} = \frac{A_1O}{A_1'O}.$$

Soient $\delta = A_1O$, $D = MA″$, $d = OM$.

L'égalité précédente peut s'écrire :

$$\frac{e}{A_1'A_2'} = \frac{\delta}{D + d} \qquad (1

Or, $A_1'MA_2' = 2\alpha$; donc dans le triangle $MA_1'A_2'$:

$$A_1'A_2' = D \operatorname{tg} 2\alpha.$$

α étant très petit, on peut confondre l'angle et sa tangente et écrire :

$$A_1'A_2' = 2D\alpha.$$

L'égalité (1) donne alors :

$$\frac{e}{2D\alpha} = \frac{\delta}{D + d} \qquad \text{d'où :} \qquad \alpha = \frac{e(D + d)}{2D\delta}.$$

Si le miroir fait n tours par seconde

$$\alpha \quad 2\,n\pi\Theta.$$

D'où :

$$\Theta = \frac{\alpha}{2n\pi} \quad \frac{e(D + d)}{4n\pi D\delta}.$$

et, par suite,

$$V = \frac{2D}{\Theta} \quad \frac{8n\pi D^2\delta}{e(D + d)}.$$

L'objet linéaire placé en A_1 était un fil fin qui était tendu au milieu d'une ouverture rectangulaire, vivement éclairée par un héliostat ou une lampe électrique (*fig.* 36).

Le miroir tournant M était très petit : il était mis en mouvement par une sirène, analogue à celle de Cagniard de Latour, étant fixé sur l'axe parallèlement à celui-ci.

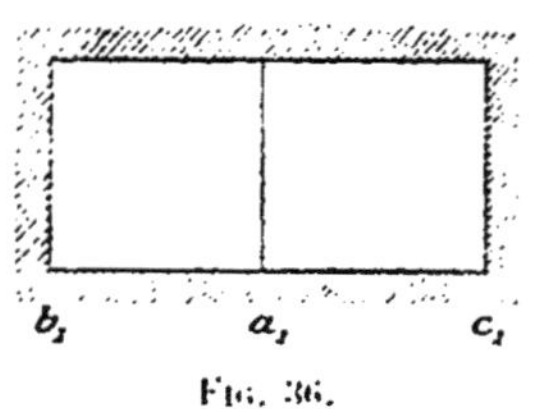

Fig. 36.

Dans les premières expériences, cette sirène était mue par la vapeur d'eau. On obtenait ainsi une vitesse de 800 tours par seconde environ. Pour évaluer cette vitesse, on ne pouvait pas employer un compteur, car elle était trop grande pour que cet appareil pût fonctionner dans de bonnes conditions. Le son produit par la sirène ne pouvait pas la donner davantage, car il était trop aigu pour pouvoir être bien comparé à un son de hauteur connue. Si on suppose, en effet, seulement dix trous à la sirène, on obtient un son de 8 000 vibrations par seconde.

Dans ses premières expériences, pour apprécier la vitesse, Foucault s'est servi du *son d'axe*. En général, l'axe ballotte un peu dans ses coussinets, qu'il frappe deux fois par tour ; il faut, d'ailleurs, éviter autant que possible ce ballottement qui use les coussinets. On arriverait à le supprimer en faisant coïncider exactement l'axe de rotation avec un des axes principaux d'inertie du système. A l'aide d'une disposition particulière, Foucault approchait le plus possible de cette coïncidence : néanmoins, le son d'axe n'était jamais complètement supprimé. Ce son, beaucoup plus grave que celui de la sirène, pouvait se comparer à des sons de hauteur connue : et de sa hauteur on déduisait le nombre de chocs par seconde et, par suite, en divisant par 2, le nombre de tours.

Le but des premières expériences de Foucault, faites en 1850, était surtout de comparer les vitesses de la lumière dans l'air et dans l'eau. On sait quel était l'intérêt de cette comparaison : il s'agissait, en effet, de trancher définitivement entre la théorie de l'émission et celle des ondulations. D'après la théorie de l'émission, on ne peut expliquer la réfraction qu'en supposant la vitesse de la lumière plus grande dans l'eau que dans l'air ; la théorie des ondulations conduit à la conclusion contraire. Il importait donc de déterminer d'une façon exacte les valeurs relatives de ces vitesses de propagation.

Pour y parvenir, Foucault plaçait à côté du premier miroir concave C (*fig.* 37) un second miroir semblable C', ayant également son centre en M, et il interposait entre C' et

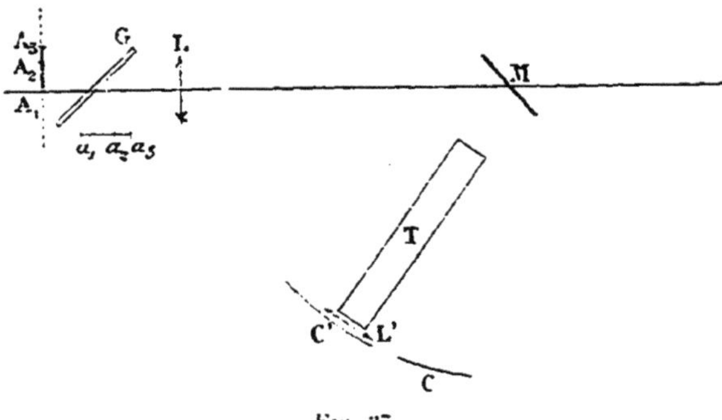

Fig. 37.

le miroir tournant M un tube T plein d'eau. Une lentille convergente L' permettait de corriger le défaut de mise au point, dû à l'introduction de la colonne d'eau.

Lorsque le miroir était immobile, les rayons réfléchis par C ou C' revenaient converger au même point A₁. Mais quand le miroir tournait, les vitesses dans l'eau et dans l'air étant différentes, les rayons réfléchis par C et C' convergeaient en deux points différents A₂ et A₃ dont on observait les symétriques par rapport à G, a₂ et a₃. Il était d'ailleurs facile de distinguer l'image due à C de l'image due à C': cette dernière était, en effet, plus faible que l'autre et possédait une coloration bleue due au parcours des rayons correspondants à travers l'eau (*fig.* 38).

Il est facile de voir que l'image correspondant au milieu

où la vitesse de propagation est la plus grande doit être moins écartée de a_1 que l'autre. Or, on constatait que celle qui était la plus écartée correspondait aux rayons qui avaient

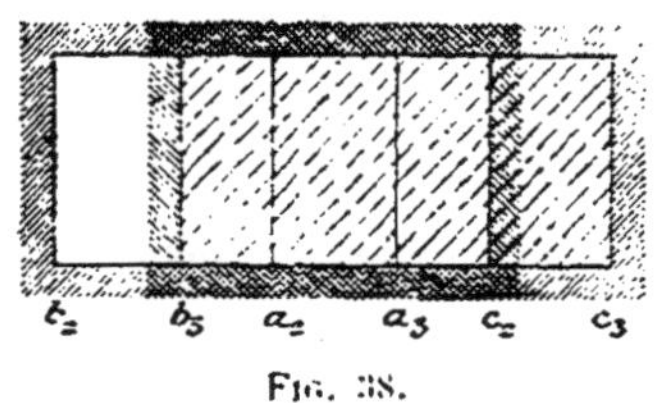

Fig. 38.

traversé l'eau. Par suite, la vitesse de la lumière dans l'eau est plus faible que sa vitesse dans l'air. On doit donc rejeter la théorie de l'émission comme certainement fausse. Mais cela ne suffit pas pour pouvoir affirmer l'exactitude de la théorie des ondulations : elle est simplement d'accord, en ce point, avec l'expérience.

Foucault fit de nouvelles expériences en 1862, pour avoir, d'une façon plus précise, la vitesse de la lumière dans l'air.

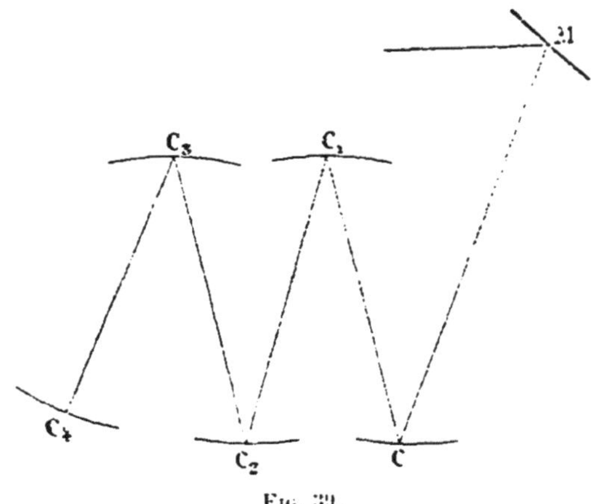

Fig. 39.

Il augmenta le trajet parcouru par le rayon lumineux entre ses deux réflexions sur le miroir tournant, afin de rendre plus grande la déviation du point A_2 et d'accroître ainsi la précision de la méthode. Pour arriver à ce résultat, sans augmenter notablement les dimensions de l'appareil, il faisait réfléchir le rayon sur une série de miroirs concaves fixes C, C_1, C_2, etc. (*fig.* 39). Ces miroirs avaient tous même rayon de courbure, et la distance de deux miroirs consécutifs était égale à ce rayon. L'image du fil tendu en A_1 se faisait ainsi successivement sur les miroirs C, C_2, C_4 : puis, les rayons arrivant sur le dernier miroir, qui était disposé normalement à leur direction, s'y réfléchissaient et suivaient en sens inverse le même chemin.

Foucault employait cinq miroirs de 4 mètres de rayon. Le rayon lumineux parcourait donc deux fois une longueur de 20 mètres, avant de retomber sur le miroir tournant.

Celui-ci était actionné par une sirène à air, et sa vitesse était mesurée par une méthode stroboscopique, grâce au dispositif suivant : une roue dentée portant quatre cents dents était placée dans le plan projeté sur la figure 35, suivant $a_1 a_2$: sa vitesse (environ deux tours par seconde) était connue directement par un compteur. Cette roue n'était éclairée que chaque fois que le rayon lumineux, renvoyé par le miroir tournant, tombait sur le miroir C, c'est-à-dire une fois par tour du miroir M. Si l'on suppose que la roue dentée fasse exactement deux tours par seconde, et que le miroir M en fasse 800, la roue semblera immobile. Si la vitesse augmente ou diminue un peu à partir de cette valeur, la roue semblera tourner lentement dans le sens réel ou dans le sens rétrograde. Si le miroir fait 1600 tours, la roue avance d'une demi-dent entre deux éclairs successifs : on la verra comme si elle avait un nombre de dents double (*fig.* 40). On peut donc déduire la vitesse du miroir de celle de la roue, en faisant varier celle-ci convenablement. Les appareils étaient si parfaits que, pendant plusieurs secondes, l'immobilité de la roue paraissait complète.

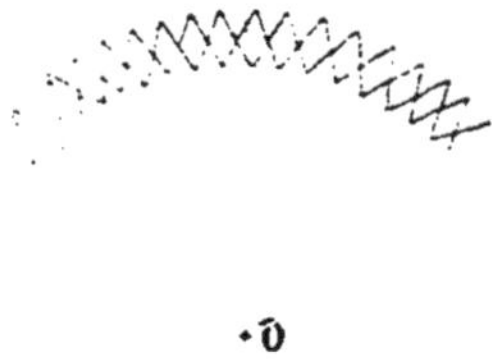

Foucault a ainsi obtenu le nombre 298 000 kilomètres par seconde.

Fig. 40.

6. Expériences de M. Michelson et de M. Newcomb.

— La méthode de Foucault a été reprise plus tard par deux savants américains : en 1879, par M. Michelson, et quelque temps après par M. Newcomb. Ils ont opéré avec de plus grandes distances : 150 et 600 mètres dans les expériences de M. Michelson.

Dans ce dernier cas, le déplacement de l'image $a_1 a_2$ atteignait 114 millimètres. Le miroir faisait 256 tours par seconde; on mesurait cette vitesse par une méthode stroboscopique. Un rayon envoyé par le miroir tournant tombait sur un miroir porté par un diapason donnant l'ut_3 (256 vibrations par seconde); si le miroir tournant faisait exactement 256 tours par seconde, le miroir porté par le diapason se trouvait exactement dans la même position, chaque fois que le rayon lumineux venait le frapper et semblait immobile; sinon, l'image fournie par le rayon lumineux deux fois réfléchi se déplaçait. Le diapason ut_3 était comparé à un diapason ut_2, commandant une horloge astronomique. Le résultat de ces expériences a été de 299 910 kilomètres par seconde. Des expériences plus récentes de M. Michelson, en 1882, ont donné 299 850 kilomètres par seconde.

M. Newcomb opérait sur une distance encore plus grande, allant jusqu'à 3 kilomètres : il fallait donc un miroir concave de 3 kilomètres de rayon. Le miroir tournant était un prisme à base carrée, en acier nickelé : il donnait quatre éclairs par tour, ou lieu d'un, ce qui augmentait l'intensité de l'image. Il était commandé par deux sirènes qui pouvaient le faire tourner l'une dans un sens, l'autre en sens inverse; on les faisait agir successivement, ce qui déviait le point lumineux d'une quantité double.

Les expériences faites de 1880 à 1882 ont donné 299 860 kilomètres par secondes.

En résumé, les nombres obtenus sont les suivants :

MM. Cornu........	300 400	kilomètres par seconde
Foucault......	298 000	— —
Michelson.....	299 850	— —
Newcomb.....	299 860	— —

On peut adopter le nombre 300 000 kilomètres par seconde qui est peut-être un peu supérieur au nombre exact. C'est donc en unités C.G.S. : 3.10^{10}.

Ce nombre 3.10^{10} présente une importance particulière: d'après la théorie de Maxwell, pleinement justifiée en ce point par l'expérience, c'est le facteur qui sert à passer des unités électromagnétiques aux unités électrostatiques. IL représente le rapport entre les nombres qui mesurent une même intensité de courant en unités électrostatiques et en unités électromagnétiques.

CHAPITRE III

DOUBLE RÉFRACTION ET POLARISATION

1. Phénomène de la double réfraction. — En 1670, Érasme Bartholin ([1]) regardant un objet à travers un cristal naturel de spath d'Islande (carbonate de chaux rhomboédrique) vit deux images de cet objet. Il pensa qu'un rayon lumineux pénétrant dans le spath s'y dédoublait : c'est ce que l'expérience confirme.

Si l'on fait tomber un mince faisceau lumineux sur une lame de spath à faces parallèles, on constate à la sortie l'existence de deux faisceaux parallèles au faisceau incident (*fig.* 41). La distance de ces deux faisceaux augmente avec l'épaisseur du spath. Elle est d'ailleurs très faible et le faisceau employé doit être très délié pour qu'on puisse constater ce phénomène.

L'étude de ces deux rayons a montré que l'un d'eux suivait toujours les deux lois de Descartes pour la réfraction,

(1) Érasme BARTHOLIN, né à Roskild (Danemark), en 1625, mort en 1694.

c'est-à-dire que le rayon réfracté est dans le plan déterminé par le rayon incident et la normale à la surface, et que le rapport $\dfrac{\sin i}{\sin r}$ des sinus de l'angle d'incidence et de l'angle

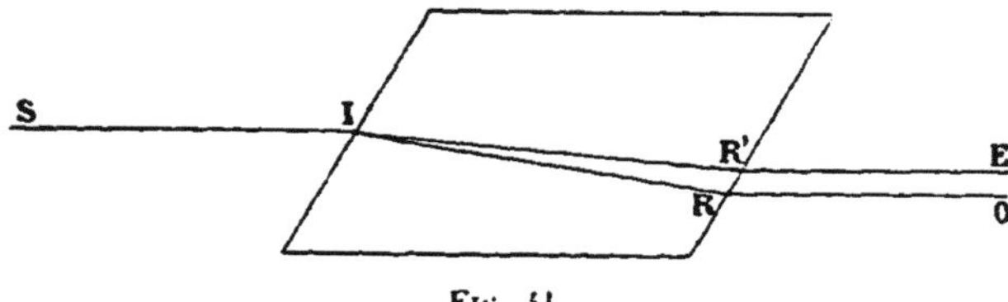

Fig. 41.

de réfraction est constant pour une même couleur quelles que soient l'incidence et la façon dont le cristal est taillé.

Ce rapport constant est l'*indice* de réfraction de ce rayon en passant de l'air dans le spath.

L'autre rayon ne suit aucune de ces deux lois : il n'est pas en général dans le plan d'incidence, et le rapport $\dfrac{\sin i}{\sin r}$ n'est pas constant.

Le premier est dit rayon *ordinaire*; le second rayon *extra-ordinaire*.

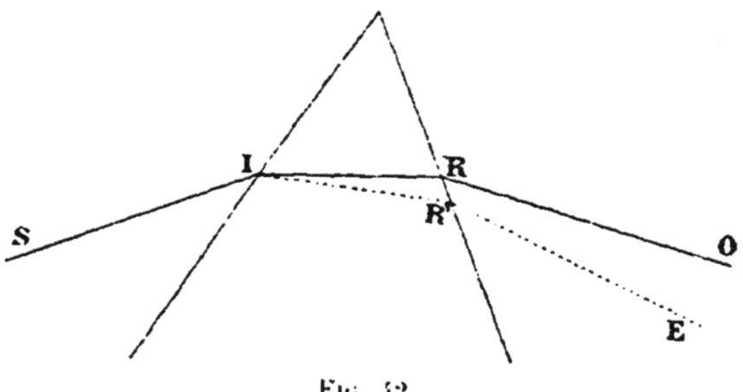

Fig. 42.

Nous pouvons vérifier ces propriétés du spath en employant un prisme taillé dans un morceau de spath. Faisons tomber sur ce prisme un faisceau lumineux monochromatique dans un plan perpendiculaire à l'arête. Nous avons à la sortie deux rayons RO. RE (*fig.* 42) : l'un RO dans le plan perpendiculaire à l'arête obéit aux formules établies en optique géométrique pour les prismes formés de substances non cristallisées : il suit donc les lois de Descartes : c'est le rayon ordinaire. L'autre est, en général, en dehors du plan de la figure et n'obéit pas aux formules du prisme : il ne suit donc pas les lois de Descartes. c'est le rayon extraordinaire.

Néanmoins on peut tailler le prisme de telle sorte que le second rayon obéisse aussi aux lois de Descartes ; mais, pour pouvoir comprendre ce qui va suivre, il convient de dire quelques mots sur la constitution cristallographique du spath d'Islande.

Ce cristal appartient au système rhomboédrique. Le rhomboèdre. type de ce système (*fig.* 43), présente un axe de symétrie ternaire AA' que l'on obtient en joignant les deux sommets AA' où les faces forment trois angles égaux : le cristal se reproduit par rotation de 120° autour de cet axe. Nous appellerons celui-ci *axe du cristal*. Mais un axe dans un cristal n'est qu'une direction : toute parallèle à la direction de l'axe menée par un point quelconque du cristal jouissant des mêmes propriétés est encore un axe.

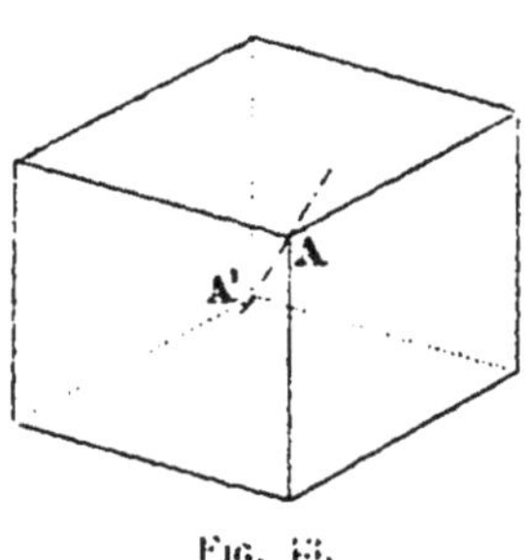

Fig. 43.

Nous appellerons section principale du cristal tout plan qui contient l'axe mené en un de ses points. Il y a donc en chaque point une infinité de sections principales.

Taillons un prisme de spath de façon que son arête soit dirigée suivant l'axe. On constate alors en faisant tomber un faisceau lumineux sur ce prisme que les deux rayons réfractés suivent les lois de Descartes, mais avec des indices différents. Cette expérience nous donne donc l'indice du rayon extraordinaire.

Voici les valeurs des indices ordinaire n_o et extraordinaire n_e pour les couleurs correspondant aux diverses raies du spectre, dans le spath.

Raies du spectre	n_o	n_e
B............	1.65296	1.48409
C............	1.65446	1.48474
D............	1.65846	1.48654
E............	1.66354	1.48885
F............	1.66793	1.49084
G............	1.67620	1.49470

On voit que l'indice du rayon extraordinaire est plus petit que l'indice du rayon ordinaire. Le rayon ordinaire est plus dévié que le rayon extraordinaire.

Ainsi un faisceau monochromatique, tombant sur un prisme de spath, donne naissance à deux faisceaux qui s'écartent l'un de l'autre. Si l'on emploie un faisceau de lumière blanche on a deux spectres différents.

2. Prisme biréfringent. — Prenons un prisme de spath S, taillé de façon que l'arête soit parallèle à l'axe (*fig.* 44), puis un prisme de même angle en flint F, ayant un indice sensiblement égal à l'indice ordinaire du spath, et accolons ces deux prismes, leurs arêtes étant parallèles, et les bases tournées de côté différent comme le montre la figure. Dans ces conditions, si on fait tomber sur S un rayon lumineux PI, ce rayon se réfracte en se dédoublant dans le spath, mais le rayon ordinaire éprouve dans le prisme de verre une déviation égale et de sens contraire à celle qu'il a éprouvée dans le prisme de spath : il ressort donc sans

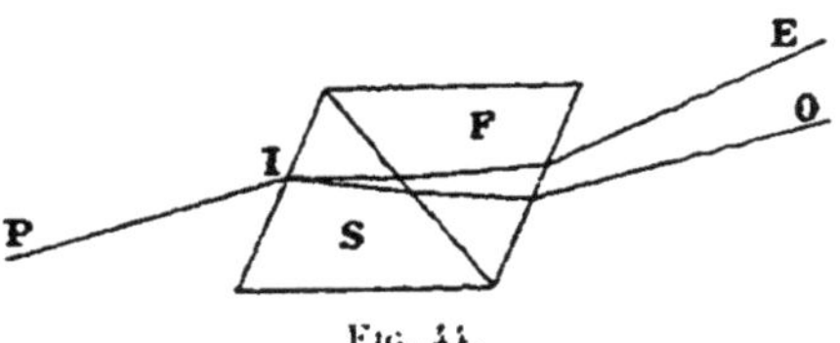

Fig. 44.

avoir éprouvé de déviation. Au contraire, l'indice du spath pour le rayon extraordinaire étant plus petit que l'indice du flint, ce rayon est dévié vers la base du prisme de flint : ces deux rayons émergents O et E forment donc entre eux un certain angle. De plus, l'indice du flint pour les différentes couleurs étant sensiblement le même que l'indice du spath pour ces mêmes couleurs, le système est achromatique pour un faisceau de rayons ordinaires. Pour un faisceau de rayons extraordinaires l'achromatisme n'est qu'approché : aussi, si on opère en lumière blanche, la tache lumineuse donnée sur un écran par ces rayons est légèrement irisée. Ce système constitue ce qu'on appelle un *prisme biréfringent.*

Comme les deux faisceaux émergents provenant d'un même faisceau incident forment entre eux un certain angle, les taches lumineuses qu'ils donnent sur un écran sont d'autant plus écartées l'une de l'autre que l'écran est situé plus loin. On peut donc aisément, avec un prisme biréfringent, montrer dans un cours l'existence de la double réfraction.

Si l'on place un prisme biréfringent devant une lentille donnant l'image d'un trou lumineux, on obtient deux images au lieu d'une. C'est ainsi habituellement qu'on dispose l'expérience pour montrer la double réfraction.

3. Lumière polarisée. — L'expérience étant disposée comme nous venons de l'indiquer, si on fait tourner le prisme biréfringent dans sa bonnette autour d'un axe parallèle au faisceau incident, on constate que l'image ordinaire reste fixe, et que l'image extraordinaire tourne autour de celle-ci. Elles ont et conservent constamment la même intensité, si le faisceau incident provient directement de la source lumineuse employée.

Recevons maintenant l'un des deux faisceaux sortis du prisme, par exemple le faisceau de rayon ordinaire, sur un second prisme biréfringent : nous obtiendrons encore par le dédoublement de ce faisceau deux images : mais, cette fois, leur intensité n'est pas la même en général, et elle varie lorsqu'on fait tourner le second prisme dans sa bonnette. La lumière qui tombe sur le second prisme n'est donc pas analogue à la lumière naturelle, qui provient directement de la source ; on dit qu'elle est *polarisée*. En tournant le second prisme dans sa bonnette, on peut arriver à éteindre complètement l'une des images, l'autre ayant alors son intensité maximum. Si, à partir de cette position, on tourne encore de 90° on constate que l'image, qui était éteinte, prend un éclat maximum tandis que l'autre est éteinte à son tour. On constate de plus que les intensités des deux images sont complémentaires, c'est-à-dire que leur somme est constante : il suffit pour cela de laisser empiéter les deux images l'une sur l'autre ; la partie commune conserve alors un éclat constant pendant la rotation du second prisme.

Il n'y a pas que le phénomène de la double réfraction qui est capable de donner de la lumière jouissant de la propriété particulière que nous venons de signaler. D'une façon générale, on dira qu'une lumière est polarisée et, pour plus de précision, *polarisée rectilignement*, lorsqu'en la faisant tomber sur un prisme biréfringent, on peut en tournant ce prisme obtenir l'extinction d'une des images. Pour cette raison, on dit que le prisme biréfringent est un *analyseur* et d'une façon générale on appellera *analyseur* tout appareil permettant de constater que la lumière est polarisée. On donne le nom de *polariseur* à tout appareil capable de donner de la lumière polarisée ; en particulier, un prisme biréfringent est aussi un polariseur. Nous verrons, du reste, que tout polariseur peut servir d'analyseur et réciproquement.

4. Plan de polarisation. — *Un rayon de lumière polarisée possède deux plans de symétrie rectangulaires passant par la direction du rayon.*

Supposons que nous recevions sur un analyseur le faisceau ordinaire horizontal, fourni par un prisme biréfringent, dont la section principale est verticale (nous considérons ici la section principale passant par le rayon : c'est donc le plan de l'axe du cristal et du rayon lumineux). Plaçons aussi verticalement la section principale de l'analyseur. Dans ces conditions, l'image ordinaire est d'intensité maximum, l'image extraordinaire est éteinte. Inclinons d'un angle α vers la droite la section principale de l'analyseur (*fig.* 45), nous avons pour les deux images une certaine intensité, et l'intensité de chacune des images reprend la même valeur, si nous inclinons la section principale d'un angle α vers la gauche, à partir de la position verticale. Le rayon tombant sur l'analyseur a donc un plan de symétrie vertical OV ; il en résulte qu'il a aussi un plan de symétrie horizontal OH, les angles β et β' que fait la section principale de l'analyseur avec ce plan étant, d'après ce qui précède, égaux quand chaque image reprend la même intensité.

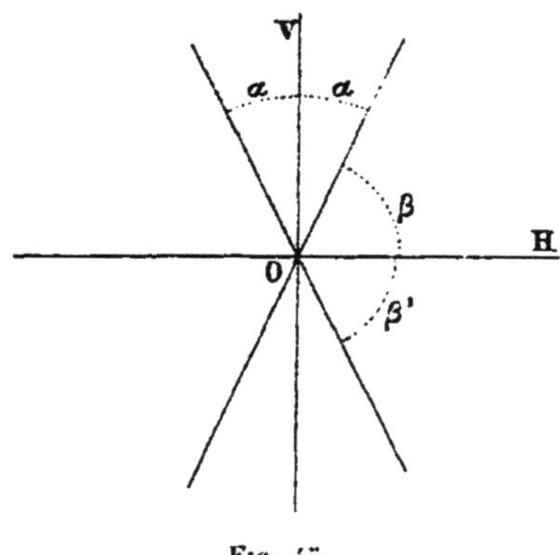

Fig. 45.

Pour distinguer l'un de l'autre ces deux plans de symétrie, on appelle l'un d'eux *plan de polarisation*. Voici comment on le choisit : faisons tomber la lumière polarisée provenant d'un polariseur quelconque sur un prisme biréfringent, servant d'analyseur, et disposons sa section principale de façon que l'image ordinaire ait une intensité maximum. l'image extraordinaire étant éteinte. La section principale de l'analyseur coïncide alors avec l'un des plans de symétrie du rayon polarisé incident : c'est ce plan qu'on appelle le *plan de polarisation* (on dit encore que le rayon *est polarisé dans ce plan*).

5. Plan de polarisation du rayon ordinaire et du rayon extraordinaire fourni par un spath. — Expérience des rhomboèdres croisés.

— Nous venons de voir que le rayon ordinaire, fourni par un premier spath, donne en tombant sur un second spath un rayon ordinaire d'intensité maximum et un rayon extraordinaire d'intensité nulle, quand les sections principales des deux spaths sont parallèles. Par conséquent, d'après la définition précédente, *le rayon ordinaire fourni par un spath est polarisé dans la section principale de celui-ci*.

Inversement, si c'est le rayon extraordinaire fourni par le premier spath qui tombe sur le second, pour que le rayon ordinaire fourni par celui-ci ait son intensité maximum, le rayon extraordinaire étant éteint, l'expérience montre qu'il faut que les sections principales des deux spaths soient rectangulaires entre elles. Donc *le rayon extraordinaire fourni par un spath est polarisé perpendiculairement à la section principale de celui-ci*.

On peut, par une même expérience, connue sous le nom d'*expérience des rhomboèdres croisés*, montrer à la fois l'état de polarisation des rayons ordinaires et extraordinaires. Faisons tomber un faisceau de rayons lumineux sur un premier rhomboèdre de spath (polariseur), et faisons tomber à la fois le faisceau de rayons ordinaires et le faisceau de rayons extraordinaires sur un second rhomboèdre de spath. Le faisceau ordinaire donne naissance à deux faisceaux, l'un ordinaire, l'autre extraordinaire, dont nous représenterons les intensités par $i_{o,o}$ et $i_{o,e}$. De même, le faisceau extraordinaire, sortant du premier spath, donne, en traversant le second, deux faisceaux l'un ordinaire, l'autre extraordinaire, dont nous désignerons les intensités par $i_{e,o}$ et $i_{e,e}$. En recevant ces quatre faisceaux sur un écran, on obtient quatre taches lumineuses. Bien entendu, pour donner plus de netteté, on doit, comme il a été dit ci-dessus, prendre pour source lumineuse une ouverture percée dans un écran, fortement éclairé par derrière, et placer sur le trajet des rayons une lentille convergente, qui, si les spaths n'existaient pas, donnerait une image nette de l'ouverture sur l'écran de projection. En plaçant les spaths (qui peuvent être remplacés par deux prismes biréfringents), on obtient quatre images de l'ouverture, correspondant aux quatre faisceaux lumineux; ces images sont nettes à la fois, pour une position convenable de la lentille.

On constate alors, conformément à ce qui a été déjà vu, que si les sections principales des deux spaths sont parallèles, on a $i_{o,o}$ et $i_{e,e}$ maximum, et $i_{o,e}$ et $i_{e,o}$ nuls; si, au contraire, les sections principales sont perpendiculaires entre elles, on a $i_{o,e}$ et $i_{e,o}$ maximum, tandis que $i_{o,o}$ et $i_{e,e}$ sont nuls.

6. Autres moyens d'avoir de la lumière polarisée.

— Le spath n'est pas le seul cristal possédant la double réfraction : un grand nombre de cristaux jouissent de la même propriété; mais, en général, sauf deux ou trois exceptions, les deux rayons réfractés sont très voisins l'un de l'autre, et l'on ne peut montrer l'existence de la double réfraction dans ces cristaux que par des procédés indirects. Les deux rayons que donne en traversant le cristal un rayon incident, sont d'ailleurs polarisés, comme dans le cas du spath.

Quelques cristaux colorés, comme la tourmaline, en présentant le phénomène de la double réfraction, ont un coefficient d'absorption très différent pour le rayon ordinaire et pour le rayon extraordinaire : de sorte que, sous une épaisseur convenable, ils absorbent entièrement l'un de ces rayons en laissant passer l'autre. On a ainsi facilement un rayon de lumière polarisée.

La *tourmaline* qui cristallise dans le système hexagonal, possède un axe de symétrie senaire. Si nous taillons une lame de tourmaline parallèlement à cet axe et d'une épaisseur supérieure à 1 millimètre, cette épaisseur est suffisante pour absorber entièrement le rayon ordinaire, tandis que le rayon

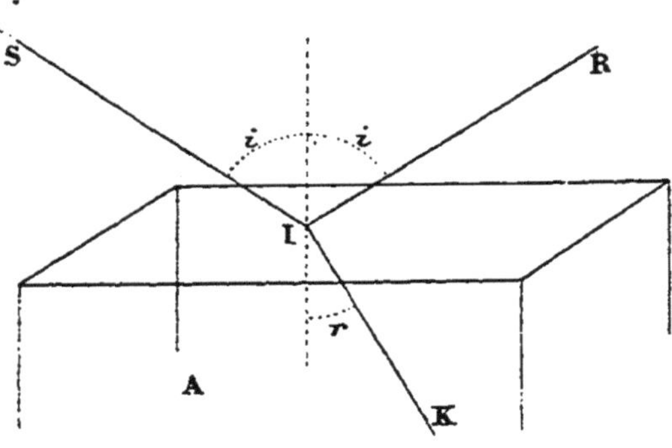

Fig. 46.

extraordinaire passe. La lumière colorée qui traverse le cristal est polarisée, comme il est facile de le constater en recevant sur un analyseur formé par un prisme biréfringent le rayon sortant : pour une position convenable de l'analyseur on a une extinction totale.

Nous l'avons déjà dit, la double réfraction n'est pas le seul phénomène qui donne naissance à de la lumière polarisée : on peut encore obtenir de la lumière polarisée par la réflexion d'un faisceau lumineux à la surface d'un corps transparent, le verre ou l'eau, par exemple. Faisons tomber un rayon SI (*fig.* 46) sur un morceau de verre A et choisissons une incidence telle que le rayon réfracté IK soit perpendiculaire au rayon réfléchi IR. On constate que dans ces conditions le rayon réfléchi IR est formé de lumière polarisée rectilignement. L'incidence i sous laquelle il faut faire tomber les rayons SI est facile à calculer d'après la loi de Descartes :

$$\sin i = n \sin r$$

Si IK et IR sont perpendiculaires, r et i sont complémentaires ; donc :

$$\sin r = \cos i$$

l'égalité précédente donne alors :

$$\sin i = n \cos i \qquad \text{d'où :} \qquad \operatorname{tg} i = n$$

La valeur I de l'incidence qui satisfait à cette équation s'appelle l'incidence *brewsterienne* ([1]). Pour le verre, I est environ 56°.

Pour constater qu'un rayon réfléchi par une lame de verre est polarisé quand l'angle d'incidence est de 56°, nous employons le dispositif suivant (*fig.* 47). Un faisceau de lumière horizontal est reçu sur un miroir ordinaire M qui le

([1]) En l'honneur de Brewster, physicien anglais, né en 1781. mort en 1868, qui a indiqué la loi tgI = n.

renvoie sur une lame de verre G où il tombe sous une incidence de 56°. Il est renvoyé suivant CD sur un analyseur qui permet de constater qu'il est polarisé. On trouve ainsi,

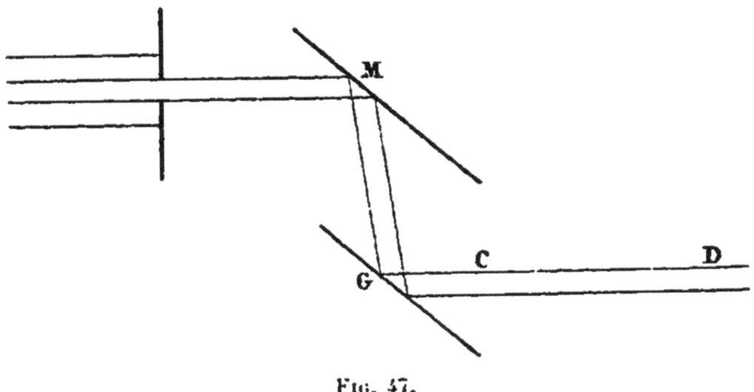

Fig. 47.

que le plan de polarisation coïncide avec le plan d'incidence du rayon sur la lame G.

7. Constitution de la lumière polarisée. — Les phénomènes d'interférence et de diffraction ne s'expliquent qu'en supposant la lumière due à un mouvement vibratoire transmis avec une vitesse finie par un milieu spécial, qu'on a appelé *éther*. Mais les vibrations se font-elles dans la direction même du rayon lumineux, comme les vibrations sonores se font dans le sens de la propagation du son ; ou bien les particules d'éther vibrent-elles perpendiculairement à la direction de propagation, comme cela a lieu dans le cas des ondes produites par la chute d'une pierre sur la surface de l'eau, ou dans le cas d'une corde tendue, d'une membrane, ou d'une plaque vibrante? Les phénomènes d'interférence et de diffraction s'expliquent aussi bien dans les deux cas, mais il n'en est pas de même pour les phénomènes de polarisation.

Considérons, en effet, un rayon de lumière polarisée : nous avons vu qu'il possède deux plans de symétrie rectangulaires. Or, si la vibration était dirigée dans la direction du rayon, tout serait symétrique autour de ce rayon : tout plan passant par ce rayon serait un plan de symétrie et on ne pourrait expliquer l'existence de deux plans de symétrie seulement. Donc les vibrations d'un rayon polarisé traversant l'air ne sont pas longitudinales. Si, au contraire, les vibrations sont perpendiculaires ou obliques au rayon, le plan de vibration (c'est-à-dire le plan contenant le rayon et la direction de la vibration) est un plan de symétrie, ainsi que le plan perpendiculaire passant par le rayon. Nous laisserons actuellement de côté la question de savoir lequel de ces deux plans de symétrie est le plan de polarisation.

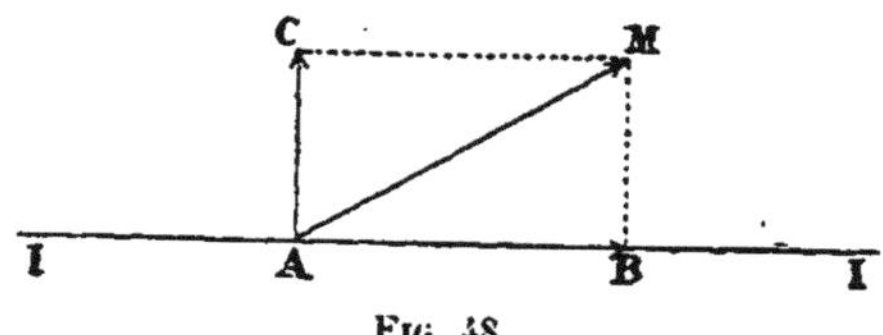

Fig. 48.

Peut-on admettre que les vribrations d'un rayon polarisé se propageant dans l'air soient obliques par rapport à ce rayon ? Au point de vue mécanique, une semblable vibration AM (*fig.* 48), équivaut à deux autres : l'une AB dirigée dans le sens du rayon, l'autre AC perpendiculaire à ce rayon. Or, l'expérience montre qu'un rayon de lumière polarisée peut être complètement éteint par un analyseur convenablement orienté : on conçoit bien que l'on puisse, de cette façon, éteindre la vibration transversale, mais il resterait la vibration longitudinale, sur laquelle l'orientation de l'analyseur ne peut avoir d'influence. Donc, ou bien il n'y a pas de composante longitudinale, ou bien, si elle existe, elle ne produit aucune impression sur l'œil.

On peut montrer, d'ailleurs, que la composante longitudinale n'existe pas. On sait que quand un rayon lumineux tombe sur un corps complètement noir (tel que du noir de fumée), incapable de diffuser ou de réfléchir ce rayon, toute l'énergie vibratoire est absorbée par ce corps ; elle est transformée en énergie calorifique, comme on peut le constater avec la pile de Melloni ou le bolomètre de Langley. Prenons, par exemple, un rayon de lumière rouge, polarisons-le et faisons-le tomber sur un spath. Tournons le spath de façon à éteindre l'image ordinaire, et plaçons une pile de Melloni, dont une face est recouverte de noir de fumée, à l'endroit où se forme l'image ordinaire. Le galvanomètre placé dans le circuit de la pile ne dévie pas : donc toute l'énergie a été détruite en même temps que l'énergie lumineuse. La vibration n'a donc pas de composante longitudinale : elle est normale au rayon.

Comment faut-il nous représenter maintenant un rayon de lumière naturelle? Un tel rayon a une infinité de plans de symétrie : on pourrait croire que, dans ce rayon, les vibrations sont longitudinales ; mais, puisque la lumière polarisée a ses vibrations transversales, cette supposition est *a priori* peu vraisemblable. D'ailleurs, certaines considérations s'y opposent : faisons tomber normalement sur un spath un rayon de lumière naturelle : il sort deux rayons polarisés, dont les vibrations sont par suite transversales. Il est impossible que la vibration longitudinale donne ainsi naissance à des vibrations qui lui soient perpendiculaires. Donc la vibration du rayon de lumière naturelle doit avoir une composante transversale. Si cette vibration était oblique par rapport au rayon, on pourrait la décomposer en une vibration transversale et une longitudinale; l'énergie correspondant à cette vibration longitudinale devrait être éteinte dans la traversée du spath et, par suite, la somme des énergies vibratoires des rayons sortant du spath devrait être plus petite que l'énergie du rayon incident. Or, l'expérience montre qu'il n'en est pas ainsi, et que l'intensité du rayon incident est la somme des intensités des rayons sortant du spath. Par suite, il n'y a pas de composante longitudinale dans la vibration du rayon incident. Donc, dans un rayon de lumière naturelle, la vibration est transversale.

Pour expliquer l'absence apparente de plan de symétrie, Fresnel([1]) admet que les sources de lumière naturelle donnent bien de la lumière polarisée, mais que le plan de polarisation a une orientation qui varie avec une très grande rapidité. Par suite, si on fait tomber ce rayon sur un spath, l'une des images sera éteinte à une certaine époque; mais, après un temps très petit elle sera maximum, puis s'éteindra de nouveau, et ainsi de suite; par suite de la persistance des impressions sur la rétine, l'œil ne pourra saisir ces rapides changements d'intensité et il ne verra qu'une intensité moyenne qui lui semblera constante.

Ainsi, en tous cas, nous devons considérer la lumière comme due à des vibrations perpendiculaires à la direction de propagation.

([1]) Fresnel, physicien français, né à Broglie (Eure), en 1788, mort à Ville-d'Avray, en 1827.

8. Non-interférence des rayons polarisés à angle droit.

— Cette hypothèse sur la direction des vibrations n'a pas été admise facilement au début : Arago[1], en particulier, la rejetait. Fresnel lui-même a longtemps hésité, mais il a multiplié les expériences concluantes à tel point qu'il a fini par convaincre ses contemporains.

Il a fait remarquer, en particulier, que, pour que deux rayons puissent interférer, il faut que leurs vibrations soient dans la même direction, et que, par suite, il ne pouvait y avoir interférence entre deux rayons polarisés à angle droit, leurs vibrations étant alors rectangulaires, d'après sa théorie : il vérifia ce fait par l'expérience.

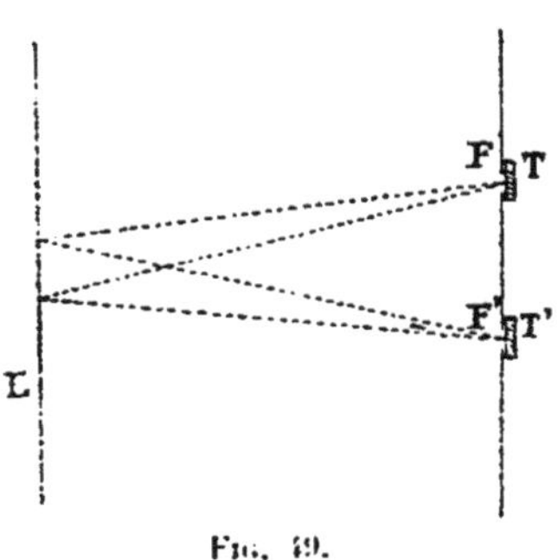

Fig. 49.

Arago eut l'idée d'une disposition très simple pour en faire la vérification. Un point lumineux O (*fig.* 49) éclaire deux fentes parallèles F, F', percées dans un écran. On sait que les rayons issus de F et F' donnent des franges d'interférence sur un écran E : c'est le dispositif employé par Young[2] pour montrer le phénomène des interférences. Plaçons devant les fentes F et F' deux lames de tourmaline T, T' taillées parallèlement à l'axe. Pour être sûr que ces deux tourmalines

---

[1] Arago, physicien français, né à Estagel (Pyrénées-Orientales), en 1786, mort en 1853.

[2] Thomas Young, médecin et physicien anglais, né à Milverton (Somerset), en 1773, mort en 1829.

sont bien de la même épaisseur, et que, par suite, elles n'introduisent pas de différence de marche entre les rayons issus de F et de F', on a eu soin de les couper dans une même lame. La lumière qui passe à travers chaque lame est polarisée, le plan de polarisation étant perpendiculaire à l'axe de la tourmaline correspondante. Si les axes des deux tourmalines sont disposés parallèlement, le phénomène d'interférence se produit ; dans ce cas. les vibrations ont, en effet, la même direction ; mais si l'on tourne de 90° une des tourmalines. les franges d'interférence disparaissent : les deux vibrations sont alors perpendiculaires entre elles.

Ce sont ces expériences qui ont surtout contribué à faire adopter l'idée des vibrations transversales.

CHAPITRE IV

THÉORIE DE LA DOUBLE RÉFRACTION

1. Surface d'onde dans le cas d'un milieu non isotrope. — Les phénomènes de double réfraction s'expliquent facilement en admettant que la lumière est due à un mouvement vibratoire. Nous avons vu (chap. I, § 1) que, si on produit un ébranlement dans un milieu quelconque, il se propage dans toutes les directions et, à une époque déterminée, il a atteint tous les points d'une surface appelée surface d'onde. Si le milieu est isotrope, la vitesse de propagation étant la même dans toutes les directions, les surfaces d'onde sont des sphères. Il n'en est pas de même, en général, dans le cas d'un cristal : les cristaux sont des corps *anisotropes*, c'est-à-dire ne présentant pas les mêmes propriétés dans toutes les directions. Si la surface d'onde dans le spath était une sphère, en appliquant la construction d'Huyghens, on n'obtiendrait qu'un seul rayon réfracté correspondant à un rayon incident, ce qui est en contradiction avec l'expérience. Donc, la surface d'onde dans le spath n'est pas une sphère.

Cette conclusion nous conduit à envisager ce que devient le principe d'Huyghens. ainsi que son application à la réflexion et à la réfraction dans le cas d'une surface d'onde de forme quelconque.

Il est utile pour cela de faire quelques remarques générales relatives aux surfaces d'onde.

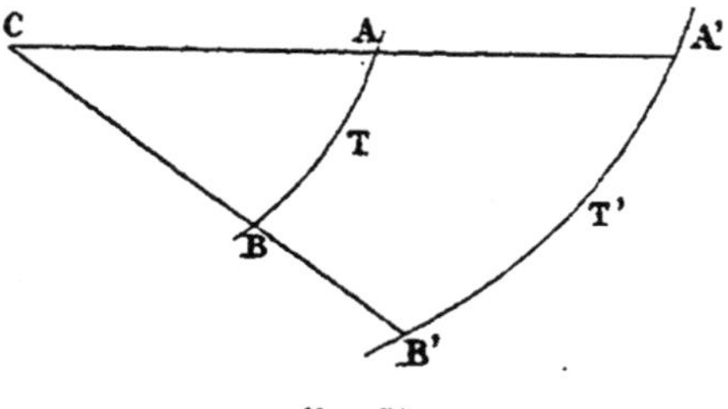

Fig. 50.

Considérons un ébranlement issu d'un point C (*fig.* 50). Dans chaque direction issue du point C, la vitesse de propagation étant constante, l'ébranlement parcourt un chemin proportionnel aux temps. Si donc on considère deux surfaces d'onde AB, A'B' correspondant à deux temps différents TT', on a :

$$\frac{CA}{CA'} = \frac{T}{T'} \quad \text{et} \quad \frac{CB}{CB'} = \frac{T}{T'}$$

donc

$$\frac{CA}{CA'} = \frac{CB}{CB'}$$

Par suite les surfaces d'onde sont homothétiques, le centre d'homothétie étant le centre d'ébranlement C.

Considérons maintenant deux surfaces d'onde correspondant à deux centres d'ébranlement CC' situés dans un milieu homogène (*fig.* 51), la première correspondant à un temps T, la seconde à un temps T'. Suivant deux directions parallèles

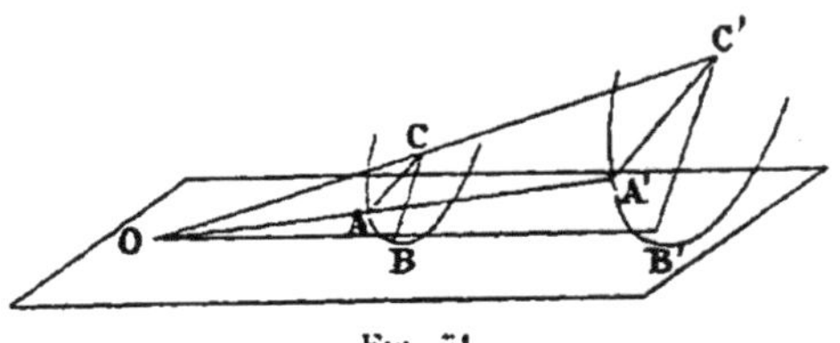

Fig. 51.

CA, C'A', les vitesses de propagation étant les mêmes, les chemins parcourus sont proportionnels aux temps. Quelle que soit la direction, on aura donc :

$$\frac{CA}{C'A'} = \frac{T}{T'} = C^{te}$$

Donc les deux surfaces sont homothétiques par rapport à un point O, intersection de CC' et de AA'.

En particulier, si on considère un plan tangent commun à ces deux surfaces, les rayons aboutissant aux points de contact sont parallèles, et la ligne joignant ces points passe par le centre d'homothétie. Dans le cas particulier où les temps T et T' sont égaux, les deux surfaces sont égales et le centre d'homothétie est rejeté à l'infini.

2. Principe d'Huyghens dans le cas de surface d'onde de forme quelconque. — Considérons une onde occupant une position AA (*fig.* 52) au temps zéro. Soit SS une surface quelconque et t l'époque où le mouvement vibratoire qui se trouvait sur AA atteint un point C de SS.

Du point C comme centre d'ébranlement, menons la surface d'onde correspondant à un temps :

$$t' = \theta - t,$$

θ étant un certain temps fixe. Faisons de même pour tous les points de SS, θ restant le même. *L'enveloppe BB de toutes ces surfaces est la position de l'onde au temps θ.*

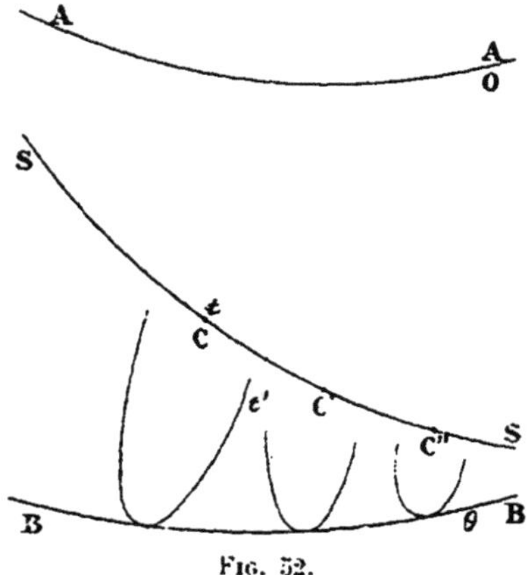

Fig. 52.

Cet énoncé, plus général, comprend comme cas particulier celui que nous avons donné plus haut (chap. i, § 3) dans le cas des corps isotropes. Ses conséquences ont toujours été vérifiées par l'expérience. Il en existe, du reste, des démonstrations *a priori*, mais elles sont compliquées et sortent du cadre de ce cours.

3. Cas où l'onde est plane à une époque T. — Si l'onde est plane à une époque quelconque T, dans un milieu homogène, elle reste toujours plane.

Soit, en effet, AA (*fig.* 53), la position d'une onde plane au temps T. Pour avoir la position de l'onde à une autre époque T + θ, appliquons le principe d'Huyghens en prenant comme surface SS la surface AA elle-même. Menons par les différents points C. C', C'', de AA, pris comme centres

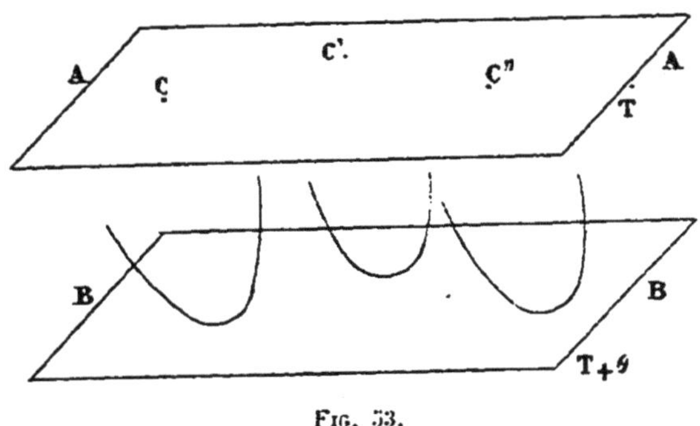

Fig. 53.

d'ébranlement, les surfaces d'onde correspondant au temps θ. Leur enveloppe est la position de l'onde au temps T + θ. Ces surfaces étant toutes égales, il est évident que leur enveloppe est un plan BB parallèle à AA.

4. Rayon lumineux dans le cas d'un milieu anisotrope. — Nous avons vu que, dans le cas d'un milieu isotrope, quand les surfaces d'onde sont des sphères, la normale à l'onde devait être prise comme rayon lumineux, et nous avons montré que cette définition du rayon lumineux concordait avec la définition un peu grossière donnée en optique élémentaire. Nous allons voir qu'il n'en est pas de même dans le cas d'un milieu anisotrope.

Soit une onde plane AA rencontrant un écran SS (*fig.* 54) percé d'une petite ouverture. Prenons un point C vers le milieu de cette ouverture. Soit T l'époque où l'onde passe par le point C. A une époque $T + \theta$, s'il n'y avait pas d'écran, l'onde occuperait une position BB.

Du point C comme centre d'ébranlement, décrivons la surface d'onde correspondant au temps θ ; elle est tangente en E à l'onde BB. Décrivons de même les surfaces d'onde correspondant aux points de SS voisins de C. En se repor-

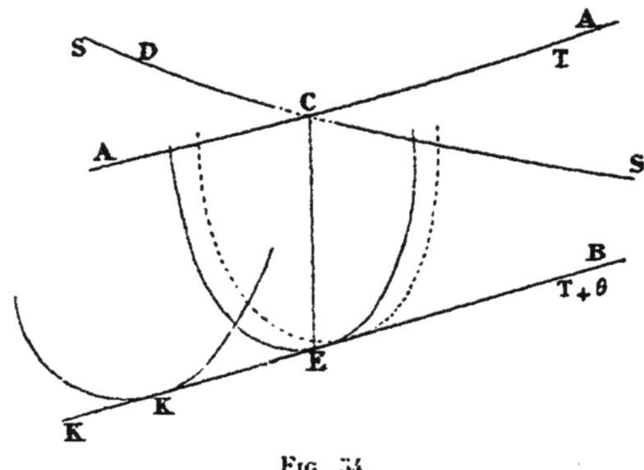

Fig. 34.

tant au raisonnement fait dans le cas des corps isotropes (voir chap. I, § 4) on verrait que la composition des vibrations envoyées par les points voisins de C seulement produit en E le même éclairement que la composition de tous les ébranlements envoyés par tous les points de SS, les ébranlements envoyés par des points éloignés de C se détruisant les uns les autres par interférence. En d'autres termes, l'intensité lumineuse en E est la même avant et après l'introduction de l'écran. Au contraire, si on prend sur BB un point K éloigné de E, on n'aura en ce point, après l'introduction de l'écran, qu'une lumière très faible, les points de SS qui enverraient en K des ébranlements concordants se trouvant autour d'un point D de l'écran

Nous avons supposé l'onde AA plane ; mais il est clair que si l'onde est courbe, comme on peut la confondre avec son plan tangent en C dans sa partie utile pour éclairer la région E, la conséquence subsiste.

Il en résulte que, pour rester d'accord avec la notion de rayon dans l'optique élémentaire, on doit prendre comme rayon lumineux la droite CE.

Par conséquent, la définition générale du rayon lumineux dans un milieu homogène est la suivante : *le rayon lumineux qui passe par un point C est la droite qui joint ce point C au point de contact avec une position de l'onde de la surface d'onde ayant le point C pour centre d'ébranlement.* Cette définition générale comprend, comme cas particulier, celle donnée plus haut pour un milieu isotrope.

La forme des surfaces d'onde n'étant plus une sphère dans un milieu anisotrope, le rayon lumineux CE n'est pas, en général, normal à l'onde BB.

5. Réfraction dans les milieux anisotropes. — Examinons d'abord le cas particulier où l'onde incidente est plane, ainsi que la surface de séparation des deux milieux.

Soit II (*fig.* 55) la position de l'onde incidente au temps T. Elle coupe la surface de séparation SS des deux milieux suivant A'A''. Soit C un point quelconque de l'onde II. Menons le rayon CB passant par C. Soit B son point d'intersection avec la surface SS ; représentons la surface d'onde L ayant C pour centre d'ébranlement et correspondant au temps θ que la lumière met à aller de C en B ; dans le premier milieu la position de l'onde au temps $t + \theta$ est I_1I_1, plan tangent à la surface L en B, qui, comme nous l'avons vu, est parallèle à l'onde II. Soit B'B″ l'intersection de I_1I_1 avec le plan SS ; cette droite contient le point B. D'un point A quelconque de A'A″, menons la surface d'onde K dans le second milieu relative au temps θ. Puis, par B'B″ menons un plan RR tangent à cette surface d'onde ; soit E le point de contact. Ce plan RR est la position de l'onde réfractée au temps $T + \theta$.

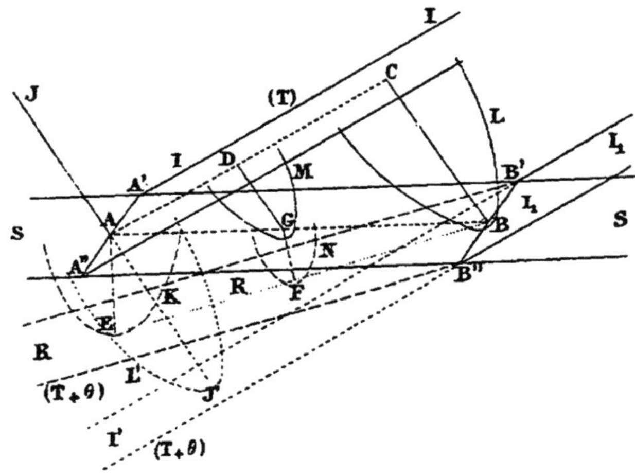

Fig. 33.

Le raisonnement qui sert à montrer qu'il en est bien ainsi est le même que celui qui a été vu plus haut dans le cas des milieux isotropes. Nous le reprenons pourtant à cause de la forme un peu différente à donner à la figure.

Prenons un point quelconque D sur CA. Menons le rayon DG passant par ce point D, il rencontre SS en G. Soit M la surface d'onde relative au premier milieu, ayant D pour centre d'ébranlement et passant en G. Soit t le temps que met la lumière à aller de D en G. La position de l'onde dans le premier milieu au temps $T + t$ est le plan tangent à la surface M en G : on sait qu'il est parallèle à II. Or, les surfaces M et L sont homothétiques ; par conséquent, les points G et B où les plans tangents sont parallèles à II sont deux points homologues : la ligne qui les joint rencontre donc la ligne CD au centre d'homothétie A.

Du point G comme centre d'ébranlement, menons une surface d'onde N relative au second milieu et tangente à RR. Soit F le point de contact et t' le temps correspondant à cette surface d'onde. Les deux surfaces N et K sont homothétiques ; la ligne AG qui joint leurs centres rencontre en B la ligne EF qui joint deux points homologues. Ce point B est donc le centre d'homothétie des surfaces N et K.

Soit v la vitesse de propagation correspondant à la direction CB dans le premier milieu, et v' la vitesse de propagation suivant AE dans le second milieu ; on a :

$$CB = v\theta, \quad DG = vt, \quad AE = v'\theta, \quad GF = v't'.$$

Nous allons montrer que l'on a $t' = \theta - t$.

Dans les deux triangles semblables ABC, AGD, on a :

$$\frac{AG}{AB} = \frac{DG}{CB} = \frac{vt}{v\theta} = \frac{t}{\theta}.$$

De même, dans les deux triangles semblables ABE et GBF, on a :

$$\frac{BG}{AB} = \frac{GF}{AE} = \frac{v't'}{v'\theta} = \frac{t'}{\theta}.$$

En ajoutant membre à membre les rapports extrêmes de ces deux séries d'égalité, on a :

$$\frac{AG + BG}{AB} = \frac{t + t'}{\theta}.$$

Or :

$$AG + BG = AB.$$

Donc :

$$\iota + \iota' = \theta, \qquad \text{ou :} \qquad \iota' = \theta - \iota.$$

Il résulte de cette égalité et du principe d'Huyghens que la position de l'onde au temps $T + \theta$ dans le second milieu doit être tangente à la surface N. Dailleurs D est un point quelconque du plan II, puisque A est arbitraire sur A'A″ : par suite le plan RR étant tangent à toutes les surfaces d'onde analogues à N en est l'enveloppe : c'est donc la position de l'onde réfractée au temps $T + \theta$.

Dans le cas particulier où nous nous sommes placés (onde incidente plane, surface de séparation des deux milieux plane), nous savons donc construire la position de l'onde réfractée. Cherchons maintenant quelle est la direction du rayon incident et celle du rayon réfracté passant par un même point, A par exemple.

Pour avoir le rayon incident passant par A, menons du point A comme centre d'ébranlement la surface d'onde correspondant au premier milieu et tangente en J' à I_1I_1 ; JAJ' est la direction du rayon dans le premier milieu supposé prolongé au-delà de SS' ; donc JA est le rayon incident. Nous aurons de même le rayon réfracté en joignant A au point de contact E avec l'onde RR de la surface d'onde K décrite de ce point A pour centre. Nous avons donc ainsi en JA et AE les positions d'un rayon incident et du rayon réfracté correspondant.

Généralisation. — Supposons maintenant que nous ayons une onde de forme quelconque et que la surface de séparation des deux milieux soit aussi quelconque. On retrouve la même règle pour obtenir la direction des rayons, à condition de remplacer au point A l'onde et la surface de séparation par leurs plans tangents : on arriverait à cette généralisation exactement comme on l'a fait dans le cas des milieux isotropes (voir chap. I, § 5).

La règle pratique pour obtenir le rayon réfracté est donc la suivante :

Soit JA un rayon incident (*fig.* 55), par le point A où il rencontre la surface de séparation des deux milieux on mène le plan tangent SS à cette surface; de ce point A comme centre d'ébranlement on décrit la surface d'onde correspondant au premier milieu, et la surface d'onde correspondant au second milieu pour un même temps θ. On prolonge le rayon JA jusqu'à sa rencontre en J' avec la surface d'onde L' correspondant au premier milieu. Par le point J' on mène le plan tangent à cette surface d'onde jusqu'à sa rencontre suivant B'B" avec le plan tangent SS à la surface de séparation au point A. Par cette droite B'B" on mène un plan tangent à la surface d'onde correspondant au second milieu ; on joint le point A au point de contact E de ce plan tangent; AE est le rayon réfracté. Ce plan tangent est d'ailleurs la position de l'onde réfractée si elle est plane; dans le cas contraire, il est tangent à cette onde en E.

6. Cas particulier où les constructions se font dans un plan.

— Il arrive très souvent que l'on peut appliquer cette règle facilement en substituant à la construction dans l'espace une construction plane. Ce cas se présente lorsque le plan d'incidence, c'est-à-dire le plan déterminé par le rayon JA et la normale à la surface de séparation, se trouve être un plan de symétrie pour les deux surfaces d'onde. Prenons ce plan de symétrie pour plan de la figure (*fig.* 56). Soit SI un rayon incident. Le plan tangent à la surface de séparation étant perpendiculaire à la normale IN se projette sur le plan de la figure suivant une droite *ss*. Du point I comme

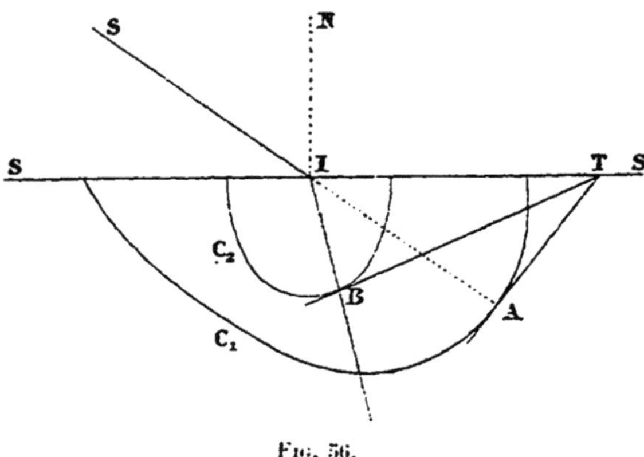

Fig. 56.

centre d'ébranlement, menons une surface d'onde relative au premier milieu: soit C_1 sa section par le plan de la figure. Prolongeons SI jusqu'à sa rencontre en A avec cette section, et par le point A menons le plan tangent à la surface d'onde. La surface d'onde ayant le plan de la figure pour plan de symétrie, ce plan tangent est perpendiculaire au plan de la figure, et il a pour trace la tangente AT à la courbe C_1. Il coupe donc la surface *ss* suivant une droite perpendiculaire à la figure et projetée au point T. Menons maintenant du point I comme centre d'ébranlement la surface d'onde C_2 du second milieu, correspondant au même temps que la surface C_1. Il faut mener à cette surface un plan tangent par la droite T. La surface C_2 ayant aussi le plan de la figure pour plan de symétrie, ce plan tangent a pour trace une droite TB tangente à la courbe C_2 au point B point de contact du plan tangent, qui se trouve ainsi dans le plan de la figure. IB est le rayon réfracté.

On voit donc que, dans ce cas particulier, le rayon réfracté se trouve dans le plan d'incidence.

7. La surface d'onde d'un milieu biréfringent possède deux nappes. — Si nous supposons que le premier milieu est l'air et le second un cristal biréfringent, nous savons que, dans ce cas, la construction doit nous donner deux rayons réfractés : or, la surface d'onde dans l'air étant une sphère, nous n'aurons à construire qu'un seul plan tangent à cette sphère et, par suite, qu'une seule ligne B'B″ (*fig.* 55) ; donc par cette ligne nous devons pouvoir mener deux plans tangents différents à la surface d'onde du cristal : celle-ci doit, par suite, présenter en général deux nappes. Ces deux nappes peuvent d'ailleurs être complètement distinctes, comme cela a lieu pour le spath (nous verrons, en effet, que cette surface d'onde se compose d'une sphère et d'une ellipsoïde), ou former une même surface géométrique.

8. Réflexion à la surface d'un cristal. — Le cas de la réflexion se traiterait tout à fait de même que celui de la réfraction. Il suffit de suivre la même marche que pour les corps isotropes (voir chap. I, § 5) en remplaçant les sphères par des surfaces d'onde de forme quelconque et en s'appuyant sur les propriétés d'homothétie de ces dernières.

Remarquons que si on considère un rayon réfléchi dans l'air à la surface d'un cristal, on n'a à considérer que des

surfaces d'onde dans l'air et que, par suite, les lois de la
réflexion sont les mêmes que si la réflexion se faisait sur un
corps isotrope tel que le verre ou l'eau. En particulier, on
n'aura qu'un seul rayon réfléchi pour un rayon incident. Il
n'en est plus ainsi si on considère la réflexion d'un rayon

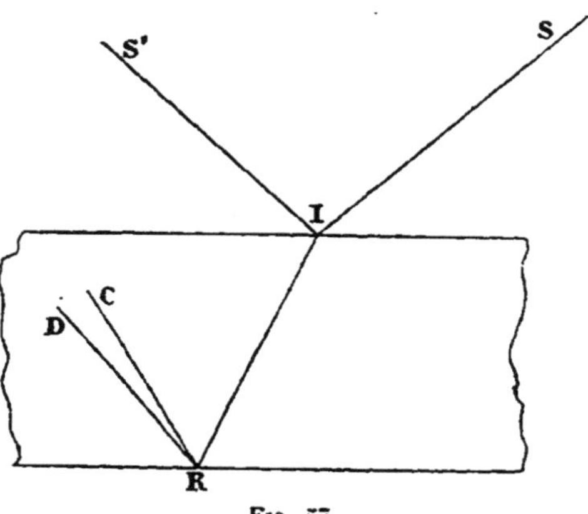

FIG. 57.

à l'intérieur d'un cristal en R (*fig.* 57). Il faut alors tenir
compte de ce que la surface d'onde présente en général deux
nappes : à un rayon incident IR, correspondront, en général,
deux rayons réfléchis.

Une étude expérimentale de ce sujet a été faite récemment
par M. Bernard Brunhes, professeur à la Faculté des Sciences
de Dijon.

9. Retour inverse des rayons lumineux. — Suppo-

sons qu'un rayon SI (*fig.* 58) tombe à la surface de séparation de deux milieux. Soit IR un rayon réfracté fourni par
ce rayon incident. Supposons maintenant qu'un rayon incident arrive suivant RI ; il donnera comme rayon réfracté le

rayon IS. C'est ce que l'on appelle *le principe du retour inverse des rayons.*

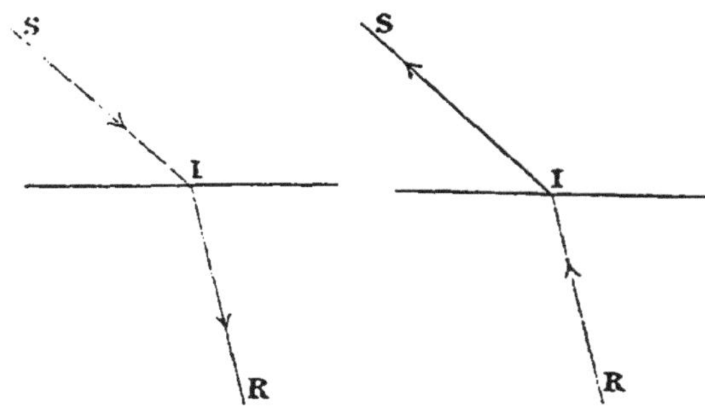

Fig. 58.

Ce principe n'est d'ailleurs applicable que si les surfaces d'onde des deux milieux possèdent un centre de symétrie et, pour qu'il en soit ainsi, il faut que le milieu soit tel que la vitesse de propagation de la lumière dans une direction donnée soit indépendante du sens où elle se propage suivant cette direction. C'est ce qui a lieu pour les milieux isotropes et pour les cristaux placés dans les conditions ordinaires. Dans ce cas, un mouvement vibratoire issu d'un point O (*fig.* 59) atteint à la même époque deux points a, b, placés sur une même droite passant par O à la même distance de ce point. Ces deux points font partie

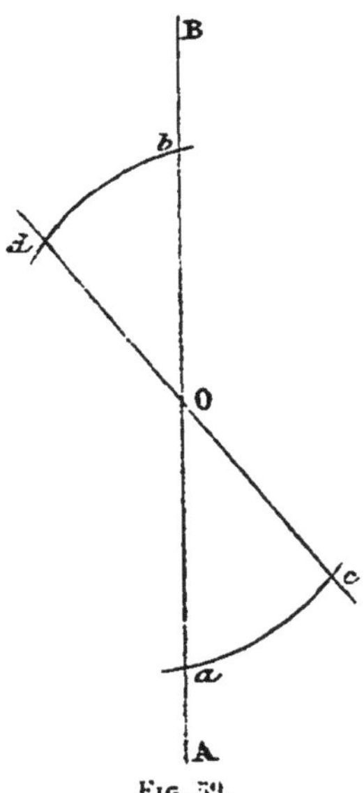

Fig. 59.

d'une même surface d'onde qui a pour centre le point O, puisqu'il en est de même dans toutes les directions.

Mais il y a des cas où les surfaces d'onde n'ont pas de centre de symétrie ; il en est ainsi lorsque le corps où se propage la lumière est soumis à un champ magnétique intense. Suivant une ligne de force, le champ magnétique a alors un sens déterminé, et l'expérience montre que la vitesse de propagation de rayons lumineux ayant un mode de polarisation que nous verrons plus loin n'est pas la même dans le sens du champ ou en sens contraire. Dans ce cas, le principe du retour inverse des rayons n'est pas applicable ([1]).

Démontrons maintenant qu'il suffit que les surfaces d'onde soient centrées pour que le principe de retour inverse s'applique.

Soit JO (*fig.* 61) un rayon incident rencontrant en O la

([1]) Pour étudier ce cas, on peut placer un morceau de verre V (*fig.* 60) entre les deux pôles d'un fort électro-aimant NS percés, suivant leur

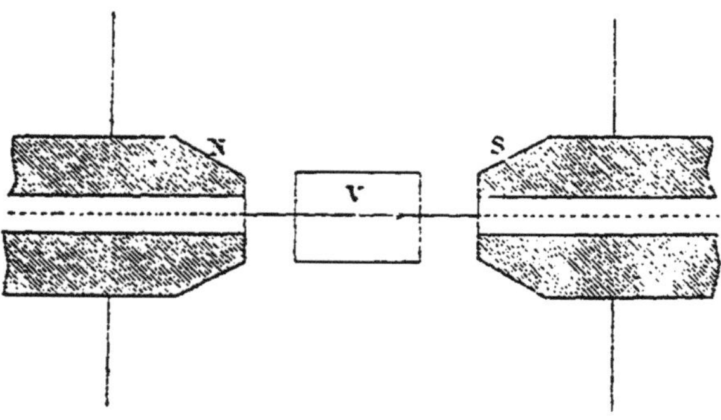

Fig. 60.

axe, d'un trou permettant le passage des rayons lumineux. Nous y reviendrons plus loin.

surface de séparation de deux milieux. Soit SS le plan tangent
à cette surface. Traçons les surfaces d'onde $A_1 A_2$ relatives aux deux milieux. Pour avoir le rayon réfracté, appliquons la construction d'Huyghens. Soit K le point d'intersection de JO avec A_1. Par K menons le plan tangent HH à

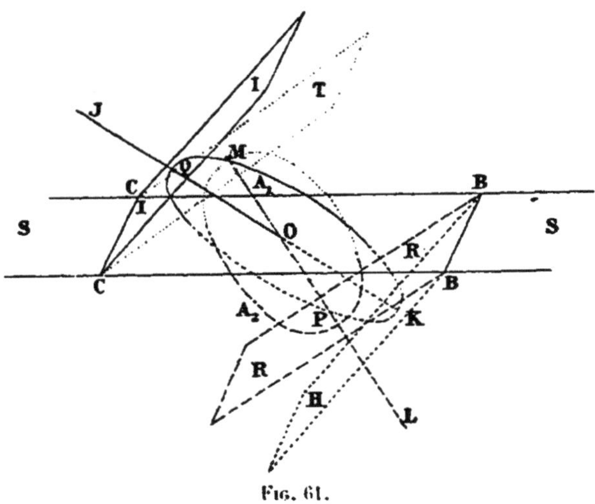

Fig. 61.

cette surface A_1 : soit BB son intersection avec SS. Par BB
menons le plan tangent RR à la surface A_2. En joignant
son point de contact P au point O nous avons en OP le
rayon réfracté. Supposons maintenant un rayon incident se
propageant dans le second milieu suivant LPO : cherchons
le rayon réfracté correspondant. Pour cela, nous aurons à
utiliser les portions des deux surfaces d'onde qui se trouvent
au-dessus de SS. Le prolongement du rayon LO coupe A_2 en
M symétrique de P par rapport au point O. Menons par M
le plan tangent TT à A_2 : il est symétrique de RR. Il coupe
donc SS suivant CC symétrique de BB. Par cette droite CC,

nous menons un plan tangent Π à A_1 ; il est symétrique de $\Pi\Pi$. Son point de contact Q est donc symétrique de K. Le rayon réfracté OQ se confond donc avec le premier rayon incident JO.

Le principe du retour inverse des rayons se démontrerait de même dans le cas de la réflexion.

10. Forme de la surface d'onde dans le spath d'Islande. — Nous venons de voir que l'étude de la double réfraction se ramène à la connaissance de la forme de la surface d'onde, dans les cristaux. Nous allons commencer par déterminer expérimentalement la forme de la surface d'onde dans le cas particulier de spath d'Islande.

Nous savons qu'un des rayons réfractés, le rayon ordinaire, suit les lois de Descartes; donc pour ce rayon le cristal se comporte comme un corps isotrope et, par suite, la portion de la surface d'onde qui correspond au rayon ordinaire doit être une sphère. Il nous reste à trouver la nappe correspondant au rayon extraordinaire.

Supposons qu'on taille un cristal de spath de façon à obtenir deux faces parallèles et contenant la direction de l'axe. D'autre part, traçons sur une feuille de papier, ou mieux sur une plaque de métal, une ligne droite divisée, et regardons cette droite à travers la lunette d'un théodolithe ; en disposant l'instrument de façon que la droite soit vue en coïncidence avec la croisée des fils du réticule, quelle que soit l'inclinaison de la lunette : autrement dit, de façon que la droite soit dans le plan vertical décrit par l'axe optique de la lunette. Posons ensuite le cristal par une de ses faces sur la plaque où nous avons tracé la droite ; en regardant à travers le cristal et la lunette, nous apercevrons, en général, deux images de cette droite (*fig.* 62). En faisant tourner le cristal sur la feuille de papier, on arrive à une position telle que les deux images de la droite sont sur le prolongement l'une de l'autre (*fig.* 62). En le faisant encore tourner de

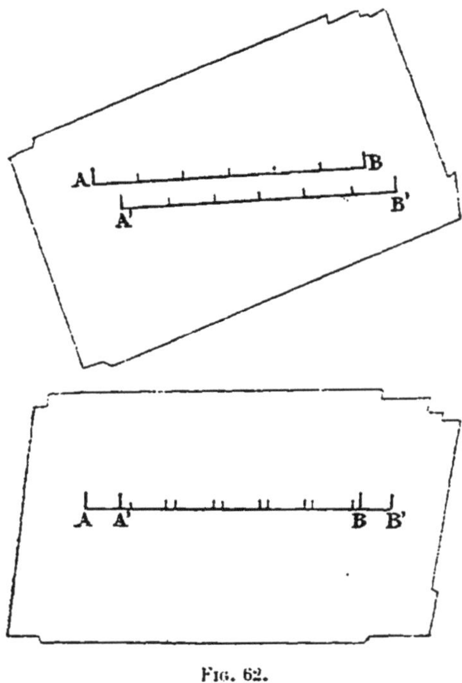

Fig. 62.

90° à partir de cette position, on obtient une seconde orientation du cristal pour laquelle la même apparence se reproduit. L'une de ces positions est telle que l'axe du cristal est parallèle à la ligne tracée sur le papier, dans l'autre, l'axe est perpendiculaire à cette ligne. Il est facile de voir par là, en vertu du principe du retour inverse des rayons lumineux, que, dans ces deux positions, un rayon qui suivrait la direction de l'axe optique de la lunette donnerait naissance à un rayon extraordinaire qui, comme le rayon ordinaire, serait dans le plan d'incidence.

L'étude du cas particulier où l'axe du cristal est dans le plan d'incidence va nous servir à déterminer la forme de la nappe de la surface d'onde correspondant au rayon extraor-

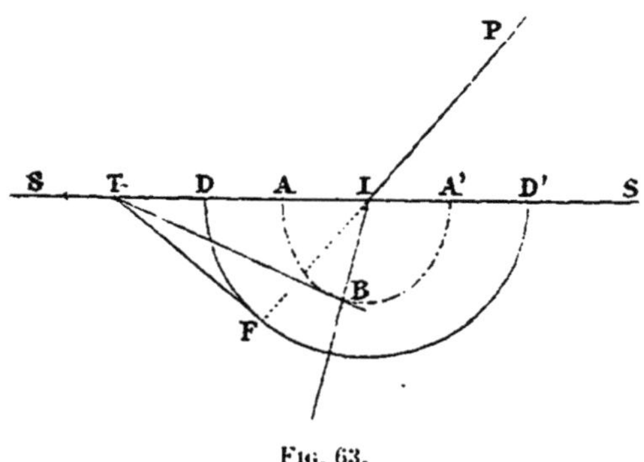

Fig. 63.

dinaire. Prenons comme plan de la figure le plan d'incidence (*fig.* 63). L'axe du cristal se trouvant dans le plan de la surface de séparation de l'air et du cristal et dans le plan d'incidence, sa direction est confondue avec SS. Soit PI un rayon incident, appliquons la construction d'Huyghens. Soit DFD′ la section par le plan de la figure de la sphère, surface d'onde relative à l'air, et ABA′ la section de la surface d'onde correspondant au rayon extraordinaire, et que nous avons à déterminer. L'expérience vient de nous montrer que le rayon réfracté extraordinaire est dans le plan de la figure.

Pour trouver sa position, prolongeons le rayon PI jusqu'à

son point de rencontre F avec AFA′ ; par le point F menons le plan tangent à la sphère : ce plan est perpendiculaire au plan de la figure et a pour trace la tangente FT : il coupe la surface de séparation SS suivant une droite perpendiculaire à la figure et projetée en T. C'est par cette droite T qu'il faut mener le plan tangent à la surface d'onde correspondant au rayon extraordinaire, et nous obtiendrons ce rayon extraordinaire en joignant le point I au point de contact : or, nous savons que le rayon extraordinaire est dans le plan de la figure ; le point de contact s'y trouve donc également et c'est en même temps le point de contact avec ABA′ de la tangente issue du point T.

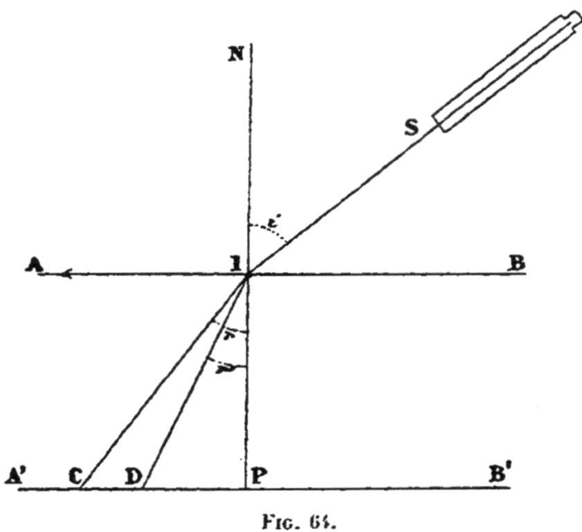

Fig. 64.

En regardant dans la lunette on voit, comme nous l'avons dit, les deux images de la droite dans le prolongement l'une de l'autre. Deux divisions de cette droite portant des numéros différents paraissent alors coïncider avec la croisée des fils du réticule : l'une correspond à un rayon ordinaire CI (*fig.* 64), l'autre à un rayon extraordinaire DI qui sortent suivant le même rayon IS, puisque les deux images semblent coïncider; il est d'ailleurs facile de distinguer la division correspondant au rayon extraordinaire de celle qui correspond au rayon ordinaire, car si l'on tourne le cristal sur lui-même, cette dernière ne bouge pas, tandis que la première se déplace. Si la division correspondant à l'image ordinaire est 62, par exemple, et l'autre 56, cela prouve qu'un rayon ordinaire partant de la division 62 et un rayon extraordinaire partant de la division 56 correspondent au même rayon IS dans l'air ; inversement, et par suite du principe du retour inverse des rayons, un rayon incident dirigé suivant SI donnera les deux rayons réfractés IC et ID. aboutissant aux divisions 62 et 56. Nous connaissons donc la distance CD qui est égale à $62 - 56 = 6$ divisions.

Soit $d =$ IP l'épaisseur du cristal. Il est facile de connaître la position du point P, intersection de la normale en I avec la seconde face. En effet, dans le triangle rectangle CIP on a :

$$CP = IP \operatorname{tg} CIP = d \operatorname{tg} r ; \qquad (1)$$

en désignant par r l'angle de réfraction du rayon ordinaire, cet angle r est connu; on a en effet :

$$\frac{\sin i}{\sin r} = n,$$

n étant l'indice du rayon ordinaire, et, de plus, on connaît l'angle d'incidence i qui est égal à l'angle de l'axe optique de la lunette du théodolithe avec la verticale; n a été déter-

miné par la même méthode que pour les corps isotropes. On
connaît donc r et, par suite, CP: et comme on connait la division de la ligne correspondant au point C, on connait aussi
celle qui correspond au point P. Le triangle rectangle IDP
nous donne :

$$DP = IP \, \text{tg} \, DIP = d \, \text{tg} \, r' \qquad (2)$$

en désignant par r' l'angle de réfraction du rayon extraordinaire. En divisant membre à membre les égalités (1) et (2)
on obtient :

$$\frac{\text{tg} \, r}{\text{tg} \, r'} = \frac{CP}{DP}.$$

L'expérience nous donne la valeur de ce rapport $\dfrac{CP}{DP}$: on

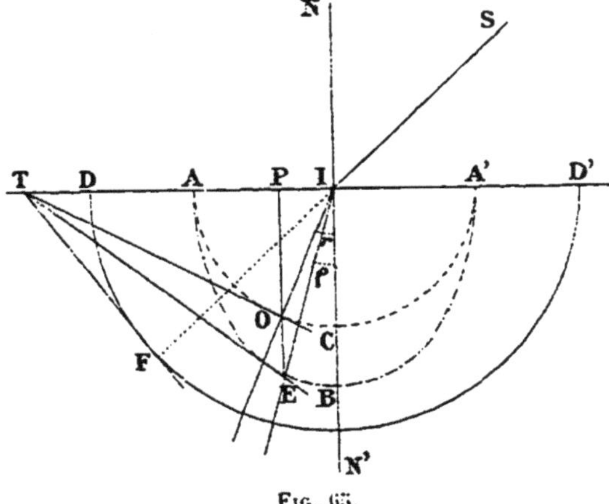

Fig. 65.

constate que ce rapport est constant, c'est-à-dire a une
valeur k indépendante de l'angle d'incidence i. Ce résultat
suffit pour établir que la section de la nappe extraordinaire
de la surface d'onde est une ellipse.

Pour le voir, représentons (*fig.* 65) les sections, par le plan incident contenant l'axe, de la surface d'onde dans l'air et de la surface d'onde du cristal pour le rayon ordinaire : ce sont deux circonférences DN'D' et ACA'. Construisons une ellipse ayant pour petit axe AA', son demi-grand axe IB étant déterminé par la relation :

$$\frac{IB}{IC} = k$$

k étant la valeur constante du rapport $\dfrac{tg\, r}{tg\, r'}$.

Construisons le rayon réfracté ordinaire IO correspondant à un rayon incident SI quelconque. De O abaissons une perpendiculaire OP sur AA' ; cette droite OP rencontre l'ellipse ABA' en E. Joignons IE : c'est la direction du rayon réfracté extraordinaire correspondant à SI. En effet, d'après une propriété de l'ellipse facile à démontrer, on a :

$$\frac{PE}{PO} = \frac{IB}{IC} = k \tag{3}$$

Si, d'autre part, nous considérons le triangle rectangle IPO, nous avons :

$$IP = PO\, tg\, r.$$

Le triangle PEI donne de même

$$IP = PE\, tg\, PEI = PE\, tg\, EIB$$

d'où, en posant $\varphi = EIB$ et en comparant les deux valeurs de IP

$$PO\, tg\, r = PE\, tg\, \varphi \qquad \text{ou} \qquad \frac{tg\, r}{tg\, \varphi} = \frac{PE}{PO}$$

et, d'après l'égalité (3)

$$\frac{\operatorname{tg} r}{\operatorname{tg} \rho} = k.$$

Or, l'expérience nous a donné

$$\frac{\operatorname{tg} r}{\operatorname{tg} r'} = k.$$

Comme r' et ρ sont plus petits que 90°, on a :

$$\rho = r';$$

IE est donc le rayon réfracté extraordinaire.

En outre, si nous joignons TE, on démontre facilement que TE est la tangente en E à l'ellipse. Donc cette ellipse est la section de la surface d'onde pour le rayon extraordinaire, puisqu'en se servant de cette section pour appliquer la règle d'Huygens on trouve exactement la position du rayon réfracté.

Si on taille le cristal de façon à donner une autre orientation aux deux faces parallèles contenant l'axe, l'expérience précédente montre que l'on trouve la même valeur pour k ; par suite, la section de la surface d'onde par le nouveau plan d'incidence est encore une ellipse égale à la première tangente au cercle ACA' en A et A'. Donc, toutes les sections de la nappe extraordinaire par des plans passant par l'axe sont des ellipses égales ayant même petit axe AA' : cette nappe est donc un ellipsoïde de révolution aplati ayant pour axe AA'. Cet ellipsoïde est tangent en A et A' à la sphère qui constitue la portion de la surface d'onde relative au rayon ordinaire. Ainsi, la surface d'onde totale dans le spath est formée d'une sphère et d'un ellipsoïde.

11. Conséquences et vérifications. — Prenons un cristal de spath taillé de façon à ce qu'une des faces contienne l'axe : faisons tomber sur cette face un rayon lumineux dont le plan d'incidence est perpendiculaire à l'axe. Appliquons à ce cas particulier la construction d'Huyghens. Le plan d'incidence est un plan de symétrie pour la surface d'onde ; nous sommes donc ramenés à une construction plane (voir § 6).

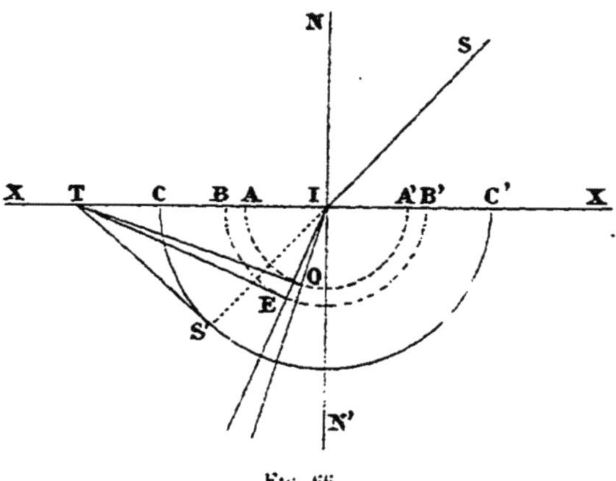

Fig. 66.

Prenons ce plan pour plan de la figure (*fig.* 66) : il coupe la sphère qui constitue la surface d'onde dans l'air, suivant un cercle CS'C', et la sphère correspondant au rayon ordinaire suivant le cercle AOA'; enfin, il coupe l'ellipsoïde correspondant au rayon extraordinaire suivant son équateur, le cercle BEB'. En appliquant la construction d'Huyghens, nous obtenons les deux rayons réfractés IO, IE. On voit donc que, dans ce cas, le rayon extraordinaire obéit à la première loi de Descartes, c'est-à-dire qu'il est dans le plan d'incidence, par suite de la symétrie de la surface d'onde par rapport à ce plan; on voit de plus que, la construction de ce rayon étant exactement la même que dans le cas d'un corps isotrope, il obéit aussi à la seconde loi de Descartes : il y a un rapport constant entre le sinus de l'angle d'incidence et le sinus de l'angle de réfraction : ce rapport est l'indice du rayon extraordinaire, et c'est seulement dans le cas particulier où nous nous sommes placés qu'on peut parler de cet indice, avant d'avoir généralisé la notion d'indice comme nous le ferons plus loin. En désignant par V la vitesse de propagation dans l'air, par v_o et v_e les vitesses de propagation dans le cristal des rayons ordinaire et extraordinaire, on a, d'après la théorie de la réfraction,

$$n_0 = \frac{V}{v_0} \qquad \text{et} \qquad n_e = \frac{V}{v_e}$$

Les vitesses V, v_o, v_e, sont représentées sur la figure, en grandeurs relatives, par IS′, IO et IE.

Nous avons vu plus haut (chap. III, § 1) comment l'expérience justifie pleinement cette conséquence que nous venons de déduire de la forme de la surface de l'onde.

12. Historique. — En 1690, Huyghens fit paraître un *Traité de la Lumière* où il considérait la surface d'onde du spath comme formée d'une sphère et d'un ellipsoïde de révolution. Il se bornait d'ailleurs à constater que cette hypothèse s'accordait avec les phénomènes connus de son temps. Mais son idée tomba bientôt dans l'oubli et ce n'est qu'en 1802 que Wollaston [1] la soumit à une vérification expérimentale en étudiant la marche des rayons dans le spath par un procédé

[1] Wollaston, physicien anglais, né à Dereham, en 1766, mort en 1828.

particulier fondé sur l'observation de la réflexion d'un rayon à l'intérieur du cristal.

En 1808, Malus (¹) fit une série d'expériences à la fois plus simples et plus concluantes, par un procédé dont nous avons donné déjà une idée, car c'est en nous appuyant sur une partie des expériences de Malus que nous sommes arrivé à la forme de la surface de l'onde. Il traçait, sur un plan constitué

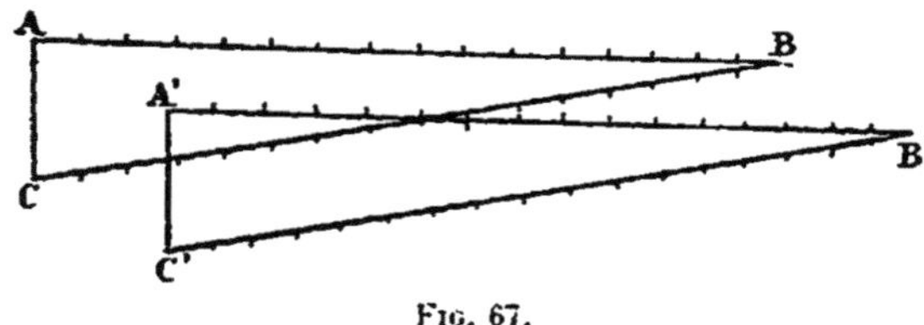

Fig. 67.

par une lame de cuivre argentée, un triangle rectangle, dont un des angles aigus était très petit. Il graduait en partie d'égale longueur l'hypoténuse et le grand côté de l'angle droit. Sur ce plan, il plaçait un cristal de spath, présentant deux faces parallèles, orientées d'une façon quelconque par rapport à l'axe. Il apercevait alors deux images du triangle rectangle ABC, A'B'C' (*fig.* 67). Comme nous l'avons déjà dit, on pouvait facilement distinguer l'image ordinaire de l'image extraordinaire en changeant l'orientation du cristal : l'image ordinaire restait immobile et l'autre se déplaçait. On voyait en coïncidence une division de l'hypoténuse de l'image extraordinaire, avec une division du côté de l'angle droit de l'image ordinaire. On observait cette coïncidence avec la lunette d'un théodolithe mobile dans le plan vertical passant par le grand côté du triangle. La lecture des deux divisions

(¹) Malus, physicien français, né à Paris, en 1775, mort en 1812.

en coïncidence déterminait la position relative des deux images et l'inclinaison de la lunette donnait l'angle d'incidence. Par un calcul analogue à celui que l'on a fait dans le cas particulier qui nous a servi à établir la forme de la surface d'onde, on déduit de ces données la direction du rayon extraordinaire correspondant à un rayon incident donné. Malus a vérifié que les résultats obtenus par cette méthode concordaient parfaitement avec les résultats déduits de l'hypothèse d'Huyghens.

13. Étude théorique de la surface d'onde dans les cristaux. — Pour établir la forme de la surface d'onde dans les cristaux autres que le spath d'Islande, il faut renoncer à la marche expérimentale suivie jusqu'ici; les deux nappes de la surface d'onde étant très voisines l'une de l'autre, on ne peut pas, en général, distinguer facilement les deux rayons réfractés. Nous allons chercher par des considérations théoriques quelle peut être la forme de la surface d'onde, et nous montrerons ensuite que les résultats qu'on peut en déduire sont conformes à l'expérience. La théorie que nous allons exposer est due à Fresnel; elle n'est pas à l'abri de toute critique, mais les résultats auxquels elle conduit sont certainement exacts : ils ont été vérifiés par l'expérience, et ont même conduit à découvrir certaines propriétés curieuses des cristaux (*réfractions coniques*), qui sans cela auraient probablement échappé à l'observation.

14. Propagation d'un ébranlement dans un milieu anisotrope. — Pour établir la forme de la surface d'onde dans un cristal, cherchons de quoi dépend la vitesse de propagation d'une onde. Quand une particule d'un milieu élastique est déplacée de sa position d'équilibre, il naît une force qui tend à s'opposer à ce déplacement : c'est ce qu'on appelle une *force élastique*. Si le déplacement de la particule est très petit, en supposant la force élastique F proportionnelle à ce déplacement d, on arrive à des conséquences toujours vérifiées par l'expérience. On peut donc poser :

$$\frac{F}{d} = E$$

E est un coefficient constant quand d varie en restant petit et qu'on appelle *coefficient d'élasticité*.

Par analogie avec l'acoustique, Fresnel a admis que la vitesse v de propagation d'un ébranlement dans l'éther est donné par

$$v = \sqrt{\frac{E}{\rho}}$$

où E est le coefficient d'élasticité et ρ la masse spécifique de l'éther.

Dans un milieu isotrope, la force élastique développée par le déplacement d'une particule a, par raison de symétrie, la direction même du déplacement. Au contraire, dans un milieu cristallisé où les propriétés sont différentes suivant les directions, il n'en est plus de même : en général, un déplacement donne naissance à une force élastique qui n'est pas dans la direction du déplacement. On démontre que, dans tout milieu anisotrope, il y a au moins trois directions rectangulaires entre elles pour lesquelles les directions de la force et du déplacement coïncident : ce sont les directions des trois *axes d'élasticité* (voir la note A à la fin de l'ouvrage).

Prenons les trois axes d'élasticité passant par un point O pour axes de coordonnées (*fig.* 68). Supposons qu'on déplace

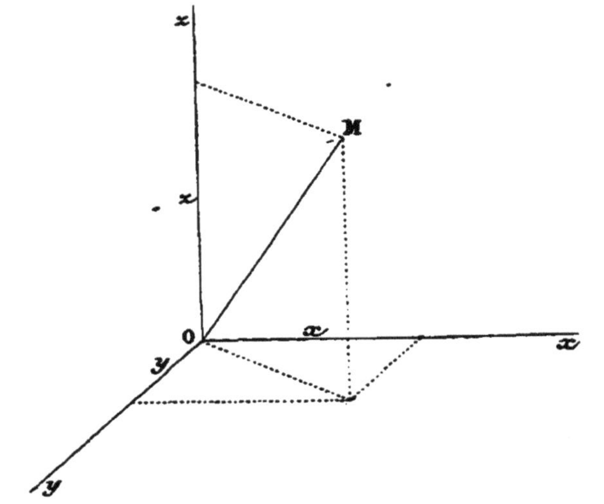

Fig. 68.

une particule suivant Ox, il naît une force élastique X, dirigée également suivant Ox, en sens contraire du déplacement. Si x représente la grandeur du déplacement, on aura :

$$\frac{X}{x} = -a^2,$$

a^2 étant le coefficient d'élasticité correspondant à la direction Ox.

De même, si on déplace une particule suivant Oy ou suivant Oz, on a, entre les déplacements y et z et les forces élastiques correspondantes Y et Z, les relations :

$$\frac{Y}{y} = -\,b^2, \qquad\qquad \frac{Z}{z} = -\,c^2,$$

b^2 et c^2 étant les coefficients d'élasticité pour les directions Oy et Oz.

On tire de ces égalités :

$$X = -\,a^2 x, \qquad\qquad Y = -\,b^2 y, \qquad\qquad Z = -\,c^2 z,$$

Supposons maintenant un déplacement suivant une direction quelconque OM : on peut décomposer ce déplacement en trois autres x, y, z suivant les trois axes ; chacun donnera lieu à une force élastique X, Y, Z et, en vertu du *principe de la superposition des élasticités dans les petits mouvements* (voir la note A), la force élastique agissant sur M est la résultante de ces trois forces : X, Y, et Z, dont les valeurs sont données ci-dessus, sont donc les composantes de la force élastique suivant les trois axes. Si a, b, c ne sont pas égaux, on n'aura pas :

$$\frac{X}{x} = \frac{Y}{y} = \frac{Z}{z},$$

ce qui serait nécessaire pour que la résultante fût dirigée suivant OM.

Considérons une onde plane polarisée traversant un milieu anisotrope, tel qu'un cristal ; toutes les vibrations sont dans le plan de l'onde et ont même direction. Si ces vibrations sont parallèles à un des axes d'élasticité, l'onde pourra se propager sans altération pour la direction de vibration, c'est-à-dire pour le plan de polarisation.

Supposons un cristal taillé de façon que la face d'entrée SS (*fig.* 69) contienne deux des axes d'élasticité Ox et Oy et une onde plane AA tombant parallèlement à la surface SS;

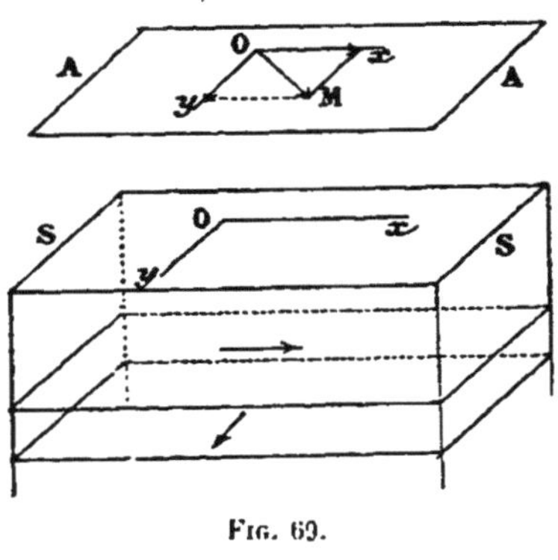

Fig. 69.

supposons que dans cette onde les vibrations soient dirigées parallèlement à Ox. L'onde se propage alors sans altération, avec une vitesse qui dépend du coefficient d'élasticité a^2 correspondant à la direction Ox. Supposons maintenant la vibration dirigée suivant Oy: l'onde se propage encore sans altération, mais avec une vitesse qui dépend du coefficient d'élasticité b^2 suivant la direction Oy.

Supposons enfin que les vibrations dans le plan AA aient une direction OM différente de Ox et de Oy. Cette onde ne pourra pas se propager sans cette altération, car la force élastique n'étant pas, dans ce cas, dirigée dans le sens du déplacement, tend constamment à modifier la direction du déplacement. Mais, en vertu du principe de la superposition des élasticités dans les petits mouvements, une pareille onde incidente est équivalente, pour les forces élastiques mises en jeu, à deux ondes superposées, dont les vibrations auraient deux directions quelconques, pourvu que OM en soit la résultante. En particulier, l'onde incidente est équivalente à deux ondes superposées, les vibrations de l'une d'elles s'effectuant suivant Ox, celles de l'autre suivant Oy, et ayant comme grandeurs respectives les projections de OM sur ces deux directions. Or, ces deux ondes se propagent, comme nous le savons, sans altération, mais avec une vitesse différente : l'onde incidente va donc se dédoubler en deux ondes polarisées à angle droit et se propageant dans le cristal avec des vitesses inégales. C'est le principe de la théorie de la double réfraction.

Si la face d'entrée SS, parallèlement à laquelle arrive l'onde incidente AA, ne contient pas deux des axes d'élasticité, nous ne pouvons plus effectuer de la même façon la décomposition de AA en deux ondes se propageant sans altération. Pour établir la théorie de la double réfraction, Fresnel a admis qu'il n'y avait que la projection de la force élastique sur le plan de l'onde qui fût efficace pour la propagation de l'onde, et qu'on pouvait faire abstraction de sa composante perpendiculaire au plan de l'onde. Il résulte de cette manière de voir que, pour qu'une onde puisse se propager sans altération, il suffit que la projection de la force élastique sur le plan de l'onde soit dirigée suivant la vibration. Or, on démontre (voir la note A) que si l'on déplace une particule dans un plan quelconque P situé dans un cristal, il y a toujours dans ce plan deux directions rectangulaires entre elles, telles que la projection de la force élastique mise en jeu sur le plan P soit dirigée suivant le déplacement : on est donc ramené au cas précédent. On aura donc, en général, deux ondes se propageant avec des vitesses différentes et polarisés à angle droit.

Pour établir la forme de la surface d'onde, Fresnel admet encore que la vitesse de propagation d'une onde plane est proportionnelle à la racine carrée de la composante efficace de la force élastique ; c'est une conséquence de l'hypothèse précédente et de la relation $v = \sqrt{\dfrac{E}{\rho}}$, admise par Fresnel.

Il admet, de plus, que la force. élastique mise en jeu par le déplacement d'une seule molécule d'éther dans un plan ne diffère de la force élastique mise en jeu par toutes les molécules du plan que par un facteur constant ne dépendant que de la direction de la vibration.

A part l'hypothèse qui concerne la proportionnalité de la vitesse de propagation à la racine carrée du coefficient d'élasticité, les autres hypothèses de Fresnel sont peu vraisemblables. Mais, grâce à ces hypothèses, Fresnel est parvenu à établir la forme générale de la surface d'onde, et, comme nous l'avons déjà dit, si les points de départ laissent à désirer, le résultat est entièrement exact.

15. Forme générale de la surface d'onde. — Considérons une onde plane SS se propageant dans un cristal (*fig.* 70). Par un point O de cette onde menons la normale OX à l'onde (remarquons que ce ne sera pas, en général, la direction du rayon lumineux).

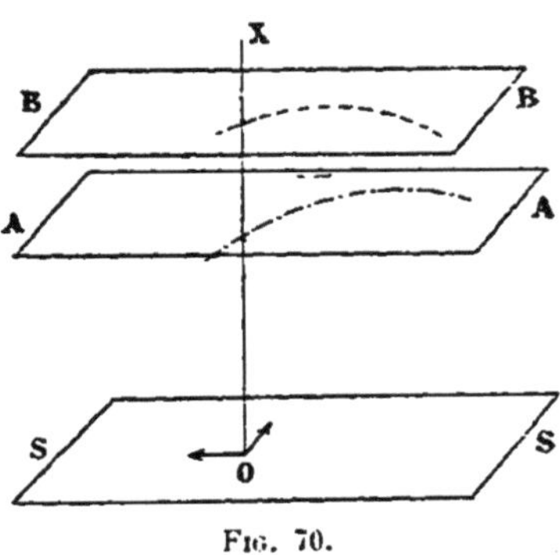

Fig. 70.

Au temps zéro, deux ondes planes ayant leurs directions de vibration rectangulaires peuvent être confondues suivant SS ; cherchons quelle sera leur position au bout d'un temps θ.

Comme le coefficient d'élasticité correspondant aux deux

vibrations n'est pas le même, en général, les vitesses de propagation de ces deux ondes, qui sont proportionnelles à la racine carrée du coefficient d'élasticité, ne sont pas les mêmes. Les deux ondes se trouveront donc séparées au temps θ : soient AA et BB leurs positions ; elles sont d'ailleurs parallèles à SS, car nous avons établi (chap. IV, § 3) qu'une onde plane se propageant dans un milieu *homogène* se propage parallèlement à elle-même. Du point O comme centre d'ébranlement, décrivons la surface d'onde correspondant au temps θ : cette surface doit être tangente aux ondes AA et BB. Faisons de même pour toutes les directions d'onde plane passant par le point O : pour chaque direction, on aura au temps θ deux ondes planes tangentes à la surface de l'onde. La surface de l'onde est donc l'enveloppe de toutes les ondes planes qui ont passé en O au temps zéro, lorsqu'on considère leur position au temps θ.

On voit que, de cette façon, on peut déterminer la surface de l'onde au moyen de la vitesse de propagation et, par suite, des coefficients d'élasticité, dans les différentes directions. C'est ainsi que Fresnel est arrivé à établir l'équation qui représente la surface d'onde.

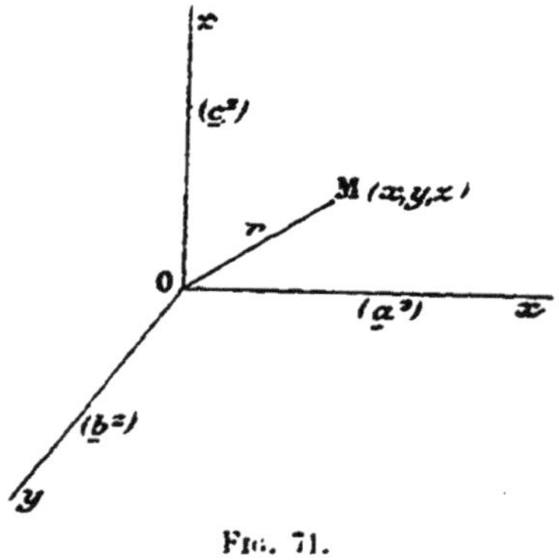

Prenons trois axes rectangulaires ayant la direction des axes d'élasticité du cristal. Soient a^2, b^2, c^3, les coefficients d'élasticité suivant ces axes Ox, Oy, Oz (*fig.* 71).

Fig. 71.

Soient x, y, z, les coordonnées d'un point M de la surface de l'onde, et r le rayon vecteur OM ; on a :

$$r^2 = x^2 + y^2 + z^2.$$

L'équation de la surface de l'onde peut se mettre sous la forme symétrique :

$$\frac{a^2x^2}{r^2 - a^2} + \frac{b^2y^2}{r^2 - b^2} + \frac{c^2z^2}{r^2 - c^2} = 0$$

Pour l'étudier, chassons les dénominateurs ; il vient :

$$(r^2-b^2)(r^2-c^2)a^2x^2+(r^2-c^2)(r^2-a^2)b^2y^2+(r^2-a^2)(r^2-b^2)c^2z^2 = 0 \quad (2)$$

Le premier membre de cette équation du sixième degré se dédouble en un produit de deux facteurs. On peut, en effet, l'écrire :

$$r^4(a^2x^2+b^2y^2+c^2z^2)-r^2[(b^2+c^2)a^2x^2+(c^2+a^2)b^2y^2+(a^2+b^2)c^2z^2]$$
$$+ a^2b^2c^2(x^2+y^2+z^2) = 0$$

En remarquant que $x^2 + y^2 + z^2 = r^2$, nous voyons que r^2 est en facteur, et l'équation s'écrit :

$$r^2[r^2(a^2x^2+b^2y^2+c^2z^2)-[(b^2+c^2)a^2x^2+(c^2+a^2)b^2y^2+(a^2+b^2)c^2z^2]+a^2b^2c^2] = 0$$

$r^2 = 0$ représente une sphère de rayon nul, sans signification physique ; c'est une solution étrangère introduite par le calcul. La parenthèse égalée à zéro représente une surface du quatrième degré, qui est la surface d'onde.

Pour avoir une idée de la forme de la surface d'onde, cherchons sa section par les plans de coordonnées, c'est-à-dire par les plans d'élasticité. Coupons par le plan des xy ;

pour cela, faisons $z = 0$ dans l'équation (2). On obtient :

$$(r^2 - c^2) \left[(r^2 - b^2) a^2 x^2 + (r^2 - a^2) b^2 y^2 \right] = 0$$

ce qui peut s'écrire :

$$(r^2 - c^2) \left[r^2 (a^2 x^2 + b^2 y^2) - a^2 b^2 (x^2 + y^2) \right] = 0.$$

Or, ici, $x^2 + y^2$ est égal à r^2, puisque $z^2 = 0$. L'équation peut donc s'écrire :

$$r^2 (r^2 - c^2) (a^2 x^2 + b^2 y^2 - a^2 b^2) = 0.$$

La section par le plan des xy se décompose donc en trois lignes : $r^2 = 0$ représente un cercle évanouissant, correspondant à la sphère de rayon nul introduite par les calculs : $r^2 - c^2 = 0$, un cercle ayant son centre en O, et dont le

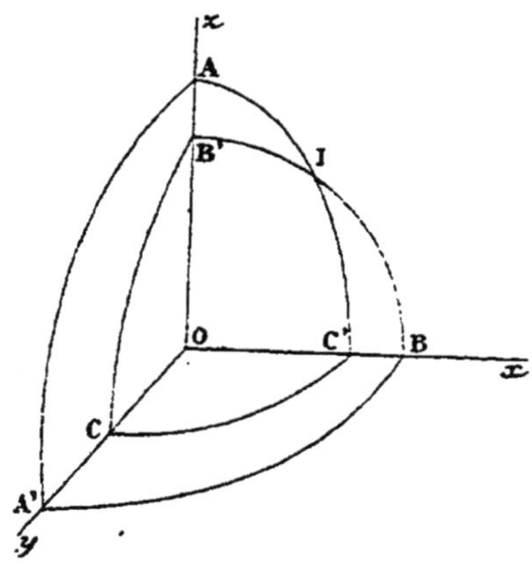

Fig. 72.

rayon est égal à la racine carrée de l'élasticité correspondant à la direction perpendiculaire au plan des xy ; enfin, $a^2 x^2 + b^2 y^2 - a^2 b^2 = 0$, que l'on peut écrire :

$$\frac{x^2}{b^2} + \frac{y^2}{a^2} = 1$$

est une ellipse concentrique, rapportée à ses axes, et dont chaque demi-axe est égal à la racine carrée du coefficient d'élasticité correspondant à la direction de l'autre.

On trouverait de même comme section par chacun des deux autres plans d'élasticité un cercle et une ellipse. Les demi-axes des ellipses et les rayons des cercles sont tels que les sections présentent l'aspect de la figure 72 en supposant $a > b > c$.

16. Forme de la surface d'onde suivant le système cristallin. — Si un cristal possède un axe de symétrie d'ordre quelconque, cet axe est nécessairement un axe d'élasticité. Soit OA (*fig.* 73), un axe de symétrie d'ordre n, c'est-à-dire tel qu'en faisant tourner le cristal autour de OA de $\frac{2\pi}{n}$ on retrouve les mêmes propriétés pour une direction fixe dans l'espace ; déplaçons une particule suivant cet axe : si la force élastique F résultant de ce déplacement n'était pas dirigée suivant l'axe, en faisant tourner le cristal autour de l'axe OA d'un angle $\frac{2\pi}{n}$ la force F n'aurait plus la même direction, ce qui est contraire aux propriétés de l'axe de symétrie. On voit donc que la force élastique F est dirigée suivant le déplacement de la molécule : l'axe OA est donc un axe d'élasticité.

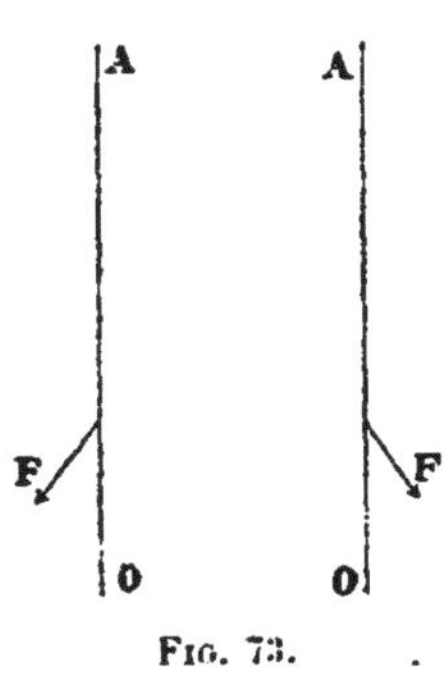

Fig. 73.

Étudions maintenant les formes de la surface d'onde correspondant aux différents systèmes cristallographiques.

Système cubique. — Les cristaux de ce système présentent

trois axes de symétrie quaternaires : ces trois axes sont trois axes d'élasticité. En outre, comme ces trois axes ont des propriétés identiques, l'élasticité est la même suivant ces trois axes. On a donc :

$$a^2 = b^2 = c^2,$$

et la surface d'onde devient :

$$(r^2 - a^2)^2 r^2 a^2 = 0.$$

$(r^2 - a^2)^2 = 0$ représente deux sphères de rayon a confondues. Les deux nappes qui composent, en général, la surface d'onde sont confondues en une seule nappe sphérique.

On a, en outre, entre les composantes x, y, z du déplacement d'une particule et les composantes de la force élastique développée X, Y, Z, la relation :

$$- a^2 = \frac{X}{x} = \frac{Y}{y} = \frac{Z}{z},$$

c'est-à-dire que, quelle que soit la direction du déplacement, elle coïncide avec la direction de la force élastique mise en jeu. Une direction quelconque est donc un axe d'élasticité ; par suite, au point de vue optique, rien ne distingue un corps cristallisant dans le système cubique d'un corps isotrope : à un rayon incident correspond un rayon réfracté unique qui obéit aux deux lois de Descartes. C'est bien ce que prouve l'étude expérimentale de ces cristaux.

Cristaux uniaxes. — Système du prisme droit à base carrée, système hexagonal et système rhomboédrique. — Dans le système du prisme droit à base carrée, on a un axe de symétrie quaternaire et, dans le plan perpendiculaire à cet axe, deux axes binaires jouissant tous les deux des mêmes propriétés. Ce seront les trois axes d'élasticité. Les élasticités correspondant aux deux axes binaires sont égales; on a, par exemple : $b^2 = a^2$.

Dans le système hexagonal, l'axe senaire est un axe d'élasticité ; dans le plan perpendiculaire, on aura les deux autres axes. Dans le système rhomboédrique, l'axe ternaire sera également un axe d'élasticité, les deux autres se trouvant dans un plan perpendiculaire. Dans ces deux systèmes, si on fait tourner le cristal de 120° autour de l'axe principal, les propriétés doivent se retrouver les mêmes dans les mêmes directions : donc la surface d'onde doit se superposer à elle-même. Or, on a vu que la section par un plan perpendiculaire à l'axe se compose d'un cercle et d'une ellipse. En prenant pour axe Oz l'axe principal, le cercle a pour rayon c, et l'ellipse a pour demi-axes b et a. Si b est différent de a, l'ellipse ne peut se superposer à elle-même par rotation de 120°. Il faut donc que b soit égal à a comme dans le système du prisme droit à base carrée.

Voyons ce que devient dans ce cas l'équation de la surface de l'onde. Faisons $b = a$ dans l'équation (2) ; elle devient:

$$(r^2 - a^2) \left[(r^2 - c^2) a^2 (x^2 + y^2) + (r^2 - a^2) c^2 z^2 \right] = 0,$$

ce qui peut s'écrire en ajoutant et retranchant dans la parenthèse $(r^2 - c^2) a^2 z^2$:

$$(r^2 - a^2)[(r^2 - c^2)a^2(x^2 + y^2 + z^2) + (r^2 - a^2)c^2 z^2 - (r^2 - c^2)a^2 z^2] = 0,$$

ou en simplifiant et remarquant que $x^2 + y^2 + z^2 = r^2$:

$$r^2 (r^2 - a^2) \left[a^2 (r^2 - c^2) + z^2 (c^2 - a^2) \right] = 0,$$

ou

$$r^2 (r^2 - a^2) \left[a^2 (x^2 + y^2) + c^2 z^2 - a^2 c^2 \right] = 0.$$

La surface d'onde se compose donc de la sphère $r^2 - a^2 = 0$ et de la surface

$$a^2 (x^2 + y^2) + c^2 z^2 - a^2 c^2 = 0 \quad \text{ou} \quad \frac{x^2 + y^2}{c^2} + \frac{z^2}{a^2} - 1 = 0.$$

Cette portion de la surface d'onde est un ellipsoïde de révolution autour de l'axe Oz ; le demi-axe de révolution a étant égal au rayon de la sphère, il est tangent à cette sphère aux extrémités de cet axe ; on a donc, dans ce cas, deux nappes complètement séparées.

Il convient de distinguer deux cas, suivant que a^2 est plus grand ou plus petit que c^2 :

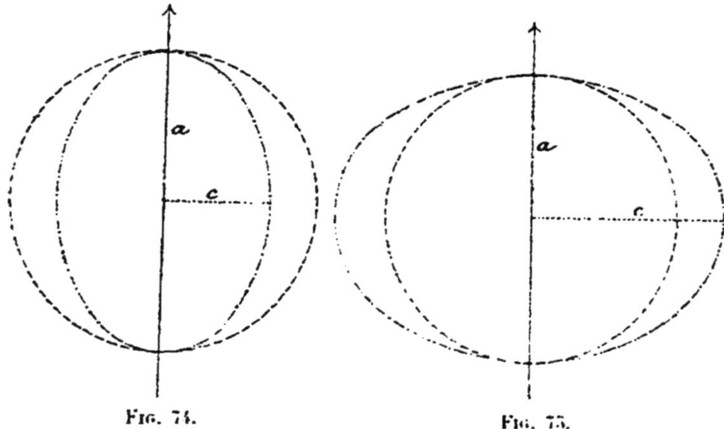

Fig. 74.   Fig. 75.

1° Si l'on a $a^2 > c^2$. Le rayon c de l'équateur de l'ellipsoïde est plus petit que le rayon a de la sphère : l'ellipsoïde est intérieur à la sphère (*fig.* 74) ; les cristaux pour lesquels la surface d'onde à cette disposition sont appelés *cristaux positifs*. Comme exemple de cristal positif nous citerons le quartz ;

2° Si l'on a $a^2 < c^2$, l'ellipsoïde est extérieur à la sphère *(fig. 75)* et les cristaux correspondants sont appelés *cristaux négatifs :* c'est le cas du spath d'Islande.

La théorie de Fresnel conduit donc bien dans le cas de ce cristal à la forme de la surface d'onde qui a été trouvée par l'expérience.

Les cristaux des systèmes quadratique, hexagonal et rhomboédrique, dont la surface d'onde a la forme que nous venons d'indiquer, sont appelés *cristaux uniaxes*. Cette dénomination sera justifiée plus loin.

Dans tous ces cristaux, il y a, comme nous l'avons vu pour le spath d'Islande, un *rayon ordinaire* suivant les lois de Descartes, et un *rayon extraordinaire* n'obéissant pas à ces lois en général. Cependant, si le plan d'incidence est perpendiculaire à l'axe de révolution, comme ce plan est un plan de symétrie pour la surface d'onde, et comme il la coupe suivant deux cercles, les deux rayons réfractés suivent dans ce cas les lois de Descartes.

Dans le cas des cristaux positifs, la section de la sphère par ce plan d'incidence particulier est extérieure à la section de l'ellipsoïde ; par suite, en se reportant à la construction d'Huyghens, on voit que le rayon extraordinaire est plus rapproché de la normale que le rayon ordinaire ; pour cette raison, on appelle quelquefois ces cristaux *cristaux attractifs*. Au contraire, dans les cristaux négatifs le rayon extraordinaire est plus éloigné de la normale que le rayon ordinaire : on les appelle *cristaux répulsifs*. Ces expressions ne sont d'ailleurs pas heureuses, car le fait qu'elles rappellent n'est exact que dans le cas particulier où le plan d'incidence est perpendiculaire à l'axe.

Systèmes orthorhombique, clinorhombique et anorthique. — Dans le système orthorhombique (ou du prisme droit à base rectangle) il y a trois axes binaires perpendiculaires entre eux, mais les propriétés sont différentes suivant ces trois axes. Les trois axes d'élasticité coïncident avec ces axes, mais les trois coefficients d'élasticité suivant ces axes sont différents :

$$a \neq b \neq c.$$

Dans le système clinorhombique (prisme droit à base parallélogramme) il y a un axe de symétrie binaire qui est un axe d'élasticité : les deux autres, situés dans un plan perpendiculaire, ont une direction bien déterminée, mais sans relation simple avec la position des faces du cristal.

Dans le système anorthique (prisme oblique à base parallélogramme) le cristal a un centre, mais n'a pas d'axe de symétrie : nous ne pouvons donc rien dire *a priori* sur la position des axes d'élasticité.

Toutes les fois qu'un axe d'élasticité n'est pas confondu avec un axe cristallographique, l'expérience montre que la direction de l'axe d'élasticité varie avec la longueur d'onde de la lumière qui se propage dans le cristal : par suite, si l'on considère les surfaces d'onde correspondant aux différentes couleurs, elles n'ont pas exactement les mêmes axes. On désigne ce phénomène sous le nom de *dispersion des axes d'élasticité.*

Dans les cristaux de ces trois derniers systèmes, les coefficients a, b, c sont différents et, par suite, la surface d'onde présente la forme générale dont la figure 76 donne, dans le premier octant, la section par les plans d'élasticité. Ces sections se composent, comme nous l'avons vu, d'un cercle et d'une ellipse. Pour chaque plan d'élasticité, le rayon du cercle est égal à la racine carrée du coefficient d'élasticité suivant l'axe perpendiculaire à ce plan ; et chacun des demi-axes de l'ellipse est égal à la racine carrée du coefficient d'élasticité correspondant à la direction de l'autre demi-axe.

On voit donc que si l'on suppose

$$a > b > c$$

le cercle CC' est tout entier à l'intérieur de l'ellipse AB dans le plan des xy (*fig.* 76) ; le cercle AA' est à l'extérieur de l'el-

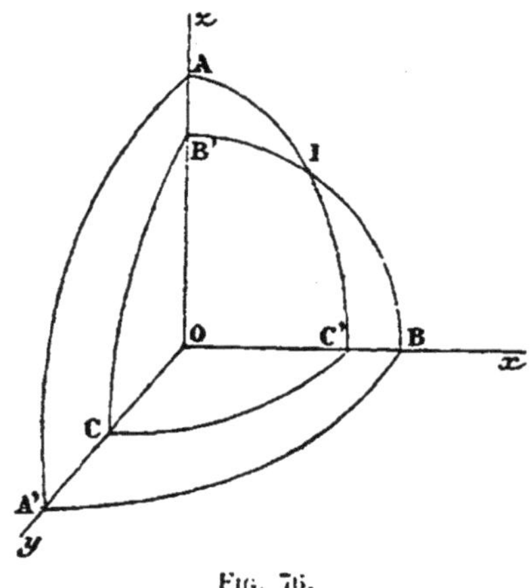

Fig. 76.

lipse C'B' dans le plan des xz ; mais, dans le plan des xz, le cercle BB' coupe l'ellipse A'C en quatre points, un dans chaque quadrant ; on a marqué sur la figure celui de ces points I qui se trouve dans l'angle xOz ; les trois autres sont placés symétriquement dans les trois autres angles. Les deux nappes de la surface de l'onde ne sont donc pas séparées dans ce cas, et le point I est un ombilic de la surface ; en ce point il n'y a pas un plan tangent mais un cône tangent à la surface.

Aucune des deux nappes n'étant une sphère, aucun des deux rayons réfractés ne suit les lois de Descartes : il n'y a pas de rayon ordinaire. Fresnel a montré par l'expérience qu'il en était bien ainsi. Pour cela, il a taillé dans des cristaux d'aragonite (carbonate de chaux orthorhombique) des prismes triangulaires égaux, mais taillés dans des directions différentes par rapport aux faces du cristal. Il a accolé tous ces prismes par leurs bases, de façon à former un seul prisme

comme l'indique la figure 77. Si à travers ce prisme on regarde une ligne parallèle aux arêtes, chaque prisme élémentaire donne deux images de cette ligne. Si l'un des rayons réfractés suivait toujours les lois de Descartes, toutes les images correspondant à ce rayon formeraient une droite se prolongeant exactement d'un prisme à l'autre.

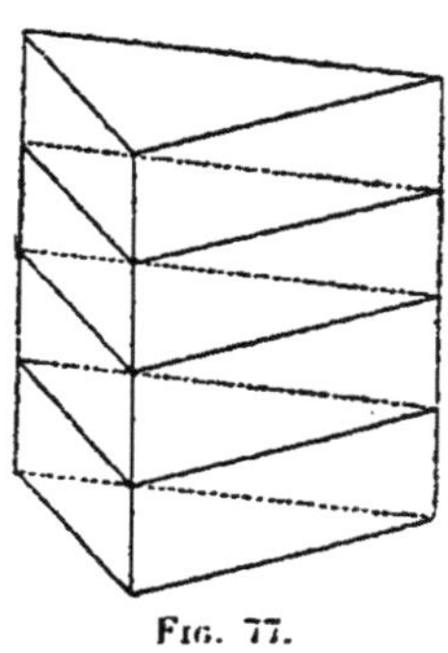

Fig. 77.

(C'est ce qui arrive dans le cas où on forme un pareil prisme avec des morceaux de spath d'Islande.) Or, l'expérience montre ici que les deux images sont formées d'une série de petites droites ne se prolongeant pas l'une l'autre. Donc, dans l'aragonite, aucun des rayons réfractés ne suit les lois de Descartes.

Cependant, dans des conditions particulières, un rayon peut suivre une ou deux lois de Descartes. Supposons, par exemple que le plan d'incidence coïncide avec un plan d'élasticité ; comme ce plan est un plan de symétrie pour la surface d'onde, les deux rayons réfractés suivent la première loi de Descartes : ils sont dans le plan d'incidence ($\S$ 6) ; de plus, comme l'une des sections de la surface d'onde est un cercle, le rayon correspondant suit la seconde loi de Descartes : il y a pour ce rayon un rapport constant entre le sinus de l'angle d'incidence et le sinus de l'angle de réfraction.

On peut mesurer ce rapport n comme on mesure l'indice d'un corps isotrope à l'aide d'un prisme ayant ses arêtes perpendiculaires à ce plan d'élasticité. Ce rapport est d'ailleurs égal au rapport $\dfrac{V}{v}$ des vitesses du rayon considéré dans l'air et dans le cristal.

$$n = \frac{V}{v},$$

On en déduit donc v, et comme v est proportionnel au rayon du cercle, on pourra, en répétant l'observation avec trois prismes dont les arêtes sont respectivement perpendiculaires aux trois plans d'élasticité, déterminer les rapports des rayons a, b, c, des trois cercles et, par suite, ceux des trois coefficients d'élasticité.

17. Direction de la vibration à l'intérieur d'un cristal. — Nous avons vu que, si l'on considère une droite quelconque à l'intérieur d'un cristal, il existe deux ondes se propageant normalement à cette direction, et que les deux plans passant par cette droite et par les directions de vibrations des deux ondes sont rectangulaires. De même, suivant une direction quelconque, se propagent deux rayons lumineux d'espèces différentes (par exemple un rayon ordinaire et un rayon extraordinaire), et les deux plans qui passent par cette direction et par les vibrations de chacun de ces rayons sont perpendiculaires.

Pour avoir la direction de ces vibrations, nous appliquerons la règle suivante que l'on établit théoriquement à l'aide des hypothèses de Fresnel.

Considérons une surface d'onde ayant pour centre un des points du rayon considéré OI (*fig.* 78) : soit I le point de rencontre du rayon et d'une nappe de la surface d'onde ; menons en I le plan tangent à cette surface : c'est une position de l'onde correspondante, si celle-ci est plane. Projetons le rayon OI sur ce plan ; cette projection IN nous

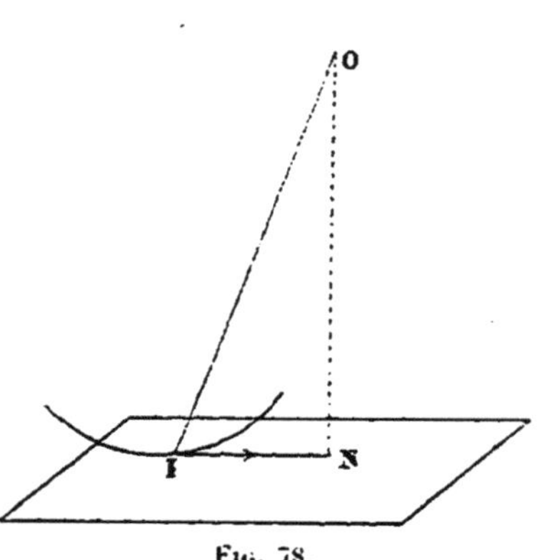

Fig. 78.

donne la direction de la vibration de l'onde se propageant suivant OI et correspondant à la nappe considérée. La direction de l'autre vibration s'obtient en appliquant la même construction au point I' d'intersection du rayon OI avec l'autre nappe de la surface d'onde.

18. Position relative du plan de vibration et du plan de polarisation. — On a vu qu'un rayon de lumière polarisée présente deux plans de symétrie. Le plan qui passe par le rayon et qui contient la direction de vibration est un de ces plans de symétrie. Nous avons vu (chap. III. § 4) quel est celui des deux plans de symétrie que nous appelons plan de polarisation. Il est difficile de décider si le plan de vibration coïncide avec le plan de polarisation, ou s'il lui est per-

pendiculaire. Si l'on admet la théorie de Fresnel et les conséquences qui en résultent au point de vue de la direction de
la vibration, on peut voir que ces deux plans doivent être
rectangulaires. Considérons, en effet, un cristal de spath d'Islande et un rayon extraordinaire se propageant à l'intérieur
de ce spath suivant OI (*fig.* 79). Prenons pour plan de la
figure un plan passant par le rayon OI et l'axe du spath. Cher

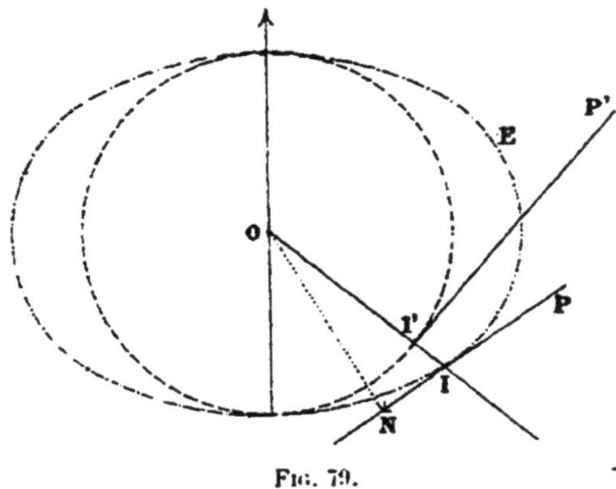

Fig. 79.

chons la direction de vibration de ce rayon. Pour cela, suivant la règle donnée plus haut. menons une surface d'onde
correspondant au rayon extraordinaire : c'est un ellipsoïde de
révolution E. Par le point I, on le rayon rencontre cet ellipsoïde
menons le plan tangent IP et projetons OI sur ce plan tangent ;
cette projection est dans le plan de la figure, puisque ce plan
contient l'axe de révolution de l'ellipsoïde. La vibration correspondant au rayon extraordinaire est donc dans le plan
de la figure. Nous ne pouvons obtenir par la même règle la
direction de la vibration correspondant au rayon ordinaire
se propageant suivant OI. En effet, la surface d'onde cor

respondant à ce rayon est une sphère ; le rayon OI′ est perpendiculaire au plan tangent I′P′ et, par suite, sa projection sur ce plan est indéterminée. Mais nous avons vu que les deux plans de vibration correspondant à un même rayon OI sont rectangulaires. Donc la vibration du rayon ordinaire est dans un plan passant par OI et perpendiculaire au plan de la figure. Or, d'après la définition du plan de polarisation (chap. III, § 4), le rayon ordinaire est polarisé dans la section principale, c'est-à-dire dans le plan de la figure. Donc le plan de vibration est perpendiculaire au plan de polarisation.

Mais la théorie de Fresnel repose sur des hypothèses plus ou moins hasardées. Beaucoup d'autres physiciens et mathématiciens ont exposé des théories conduisant à la même forme pour la surface d'onde, tout en s'appuyant sur des hypothèses différentes. Ainsi Neumann [1] en Allemagne, Mac Cullagh [2] en Angleterre, et Lamé [3] en France, sont arrivés à la même forme de surface d'onde, mais à l'aide d'hypothèses qui exigent que le plan de polarisation se confonde avec le plan de vibration. Cette question a soulevé de nombreuses controverses ; néanmoins la théorie de Fresnel nous semble plus probable, surtout pour la raison suivante :

Indépendamment de toute hypothèse, on sait que la surface d'onde du spath d'Islande est formée d'une sphère et d'un ellipsoïde de révolution autour de l'axe du cristal ; soit OX (*fig.* 80) cet axe. Considérons un rayon ordinaire OA et sup-

[1] François Neumann, physicien allemand. né à Mellin en 1798.

[2] Mac Cullagh. physicien écossais, qui fit paraître son travail à ce sujet en 1831.

[3] Lamé, géomètre français, né à Tours. en 1795, mort en 1870.

posons d'abord avec Neumann que ce rayon ait ses vibrations dans le plan passant par le rayon et l'axe. La vibration

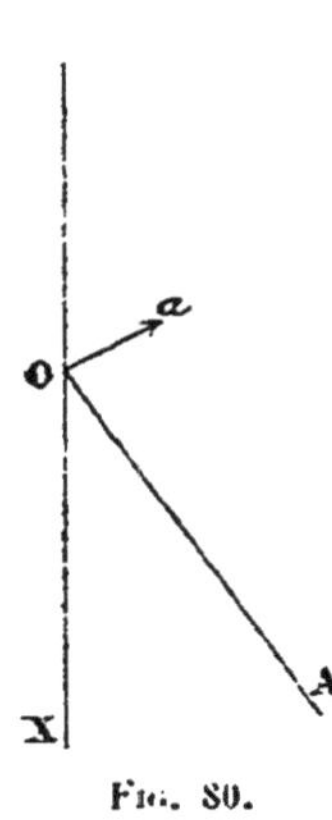

Fig. 80.

Oa fera avec l'axe un angle variable avec la direction du rayon OA. Il est peu vraisemblable qu'il en soit ainsi, car on s'expliquerait alors difficilement que la vitesse de propagation du rayon ordinaire fût indépendante de sa direction. Au contraire, si on admet comme Fresnel, que la vibration est perpendiculaire au plan AOX, on voit qu'elle fait toujours avec l'axe du cristal OX un angle droit, quelle que soit la direction du rayon, et il est naturel que la vitesse de propagation reste la même.

19. Axe optique des cristaux pour lesquels la surface d'onde est formée d'un ellipsoïde et d'une sphère.

— Considérons un cristal pour lequel la surface d'onde consiste en une sphère et un ellipsoïde de révolution. Soit un rayon incident SI (*fig.*81) tel que le rayon réfracté ordinaire IR soit dirigé suivant l'axe de révolution IX de cet ellipsoïde. A ce rayon SI correspond un rayon réfracté extraordinaire qui est aussi dirigé suivant l'axe, d'après la construction d'Huyghens, puisqu'à l'extrémité de cet axe l'ellipsoïde et la sphère ont même plan tangent. Donc, suivant la direction de l'axe de révolution, il n'y a qu'un seul rayon réfracté. De plus, on démontre (note A) que toute direction prise dans un plan perpendiculaire à cet axe est un axe d'élasticité ; par conséquent, quelle que soit la direction de vibration d'une onde, incidente si cette onde se propage à l'intérieur perpendiculairement à l'axe, sa direction de vibration ne sera pas altérée. On retrouve à la sortie de la lumière polarisée, si la lumière incidente est polarisée, et le plan de polarisation est resté le même. Si le rayon incident était formé de lumière naturelle, on aurait encore à la sortie de la

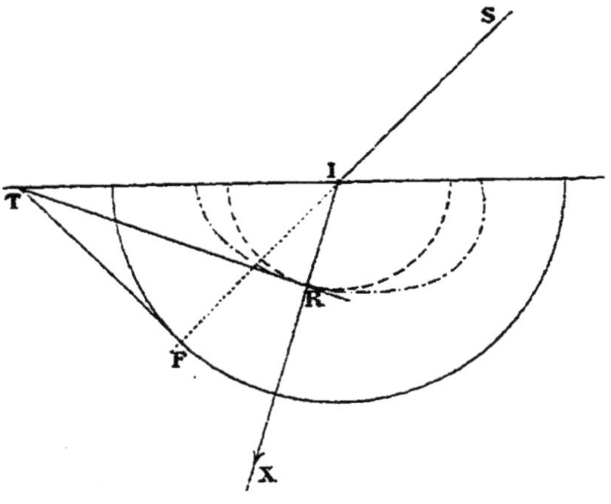

Fig. 81.

lumière naturelle. Tout se passe comme si la lumière traversait un corps isotrope. La direction de l'axe de révolution de l'ellipsoïde est la seule jouissant de cette propriété : on appelle cet axe *axe optique* du cristal, et c'est pour cette raison que les cristaux dont nous venons de nous occuper sont appelés *uniaxes*.

Rappelons que ces cristaux appartiennent au système quadratique, au système hexagonal et au système rhomboédrique et que l'axe optique ainsi défini est l'axe de symétrie supérieure du cristal (axe quaternaire pour le système qua-

dratique, axe sénaire pour le système hexagonal ou axe ternaire pour le système rhomboédrique).

20. Réfraction conique intérieure. — Axes optiques dans les cristaux pour lesquels les trois coefficients d'élasticité sont différents. — Le mathématicien anglais

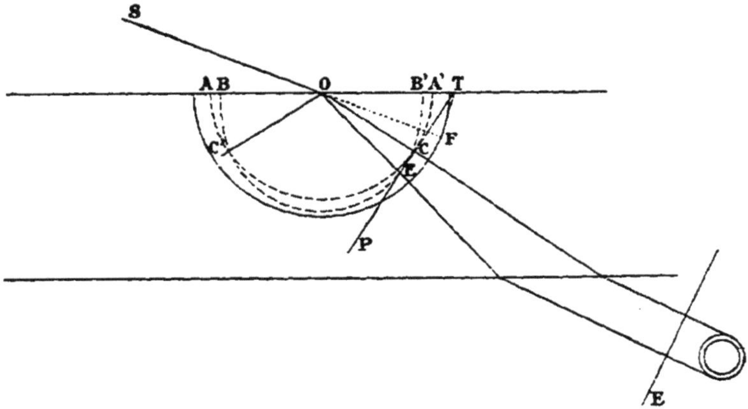

Fig. 82.

Hamilton [1] a déduit, de la forme trouvée par Fresnel pour
la surface de l'onde des cristaux dans lesquels les trois coefficients d'élasticité sont différents, une propriété curieuse
qui a été vérifiée expérimentalement par Lloyd [2] sur l'aragonite.

Considérons un cristal de cette catégorie, limité par deux
faces planes perpendiculaires à l'axe, de plus petite ou de
plus grande élasticité, à l'axe OZ, par exemple, soit SO
(*fig.* 82) un rayon incident perpendiculaire à l'axe de moyenne

[1] HAMILTON, mathématicien anglais, né à Dublin, en 1805, mort en
1865.
[2] Barthélemy LLOYD, physicien irlandais, né à Dublin, en 1768, mort
en 1839.

élasticité ; prenons comme plan de la figure 82 le plan d'incidence de ce rayon. Appliquons la construction d'Huyghens pour trouver les rayons réfractés. La surface d'onde est coupée par le plan d'incidence, suivant le cercle ACA' et l'ellipse BEB'. Soit TCE la tangente commune au cercle et à l'ellipse : considérons le plan P perpendiculaire à la figure se profilant suivant TE. Ce plan, comme le montre le calcul, touche la surface d'onde en tous les points d'une courbe fermée, qui est un cercle c rencontrant le plan de la figure en C et E. Supposons que l'onde incidente ait une direction telle, qu'après réfraction elle coïncide avec le plan P ; pour avoir la direction de cet onde incidente, il suffit de mener par le point T une tangente TF au cercle qui est la section de la surface d'onde pour l'air. OF est la direction que nous choisirons pour le rayon incident. La construction d'Huyghens appliqué à ce rayon incident nous donne le plan P pour onde réfractée et, par suite, pour rayons réfractés, toutes les droites joignant O aux points de contact de P avec la surface d'onde, c'est-à-dire à tous les points du cercle c déjà considéré.

A chacun de ces rayons réfractés correspond un plan de vibration, qu'on obtient en appliquant la règle indiquée par Fresnel (§17): pour un rayon OM (*fig.* 83), on joint le point M, au pied de la perpendiculaire abaissée du point O sur l'onde, c'est-à-dire au point C, puisque l'onde est tangente en C au cercle ACA' (*fig.* 82) ; MC est la direction de vibration du rayon OM. On voit, par là, que deux rayons OM

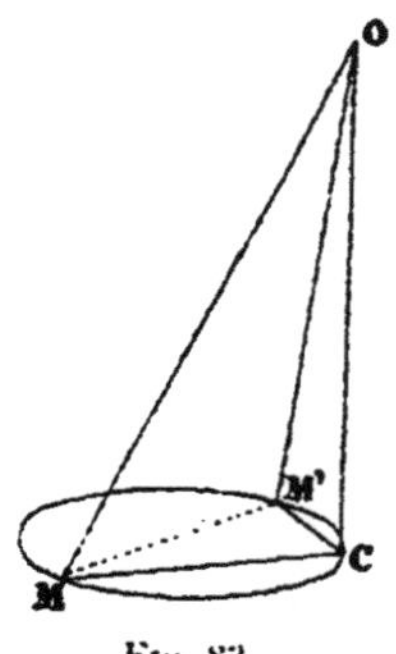

Fig. 83.

et OM′ aboutissant sur le cercle en deux points M et M′ diamétralement opposés ont leurs vibrations CM et CM′ à angle droit.

Supposons l'onde incidente polarisée : elle donne une onde réfractée parallèle au plan P, et dont la direction de vibration est déterminée : parmi les rayons aboutissant aux différents points du cercle c, il y en a un, et un seul, dont la vibration MC est parallèle à cette direction déterminée ; le rayon incident donnera naissance seulement à ce rayon réfracté particulier.

Mais si l'onde incidente est formée de lumière naturelle, on peut la considérer comme formée de lumière polarisée, successivement, dans tous les azimuths possibles : par suite, tous les rayons aboutissant au cercle c seront fournis successivement par cette onde, et cela dans un intervalle de temps inappréciable. Donc un rayon naturel incident donne naissance à un cône de rayons réfractés.

Ce cône est du second degré, puisqu'il a pour base un cercle : il coupe la face de sortie du cristal suivant une ellipse, et chacun des rayons de ce cône sort parallèlement à la direction du rayon incident, puisque la lame est à faces parallèles. L'ensemble de ces rayons forme donc un cylindre du second degré, dont les génératrices sont parallèles à SO. La section droite de ce cylindre est une ellipse très voisine d'un cercle. Si on reçoit sur un écran la lumière sortant de la lame, on obtient une circonférence lumineuse de rayon constant, quelle que soit la distance de l'écran à la lame.

Voici comment Lloyd vérifia expérimentalement cette conséquence de la théorie de Fresnel. Il choisit une lame d'aragonite, parce que ce cristal est un des plus biréfringents, et que, par suite, l'ouverture du cône doit être plus grande ; de plus le physicien suédois Rudberg avait déterminé avec une grande exactitude les valeurs des coefficients a, b, c, pour ce corps.

Sur la lame LL (*fig.* 84), taillée perpendiculairement à l'axe de plus petite élasticité Ox, on place une lame métal-

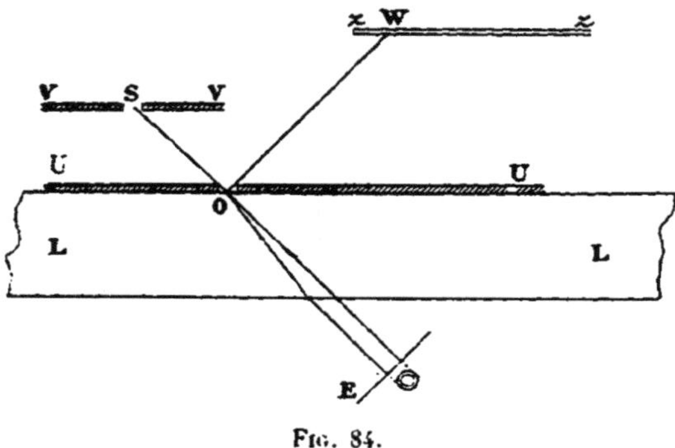

Fig. 84.

lique UU percée d'un petit trou O. A quelque distance au dessus, on place un écran VV, percé d'une ouverture S, et on fait tomber de la lumière sur cet écran. En général, le rayon SO donne deux rayons réfractés. et en plaçant à la sortie du cristal, en E, un écran, on obtient sur cet écran deux petites taches lumineuses. Mais en faisant glisser la lame métallique UU sur le cristal, on arrive à donner au rayon lumineux SO l'incidence correspondant à la réfraction conique intérieure ; alors, au lieu de deux images lumineuses sur l'écran E, on aperçoit une petite circonférence lumineuse ; on constate facilement que son diamètre ne varie pas quand on déplace l'écran, en l'approchant ou l'éloignant du cristal. On peut constater, en outre, que les rayons lumineux, génératrices de ce cylindre, sont polarisés.

Pour comparer plus complètement les résultats de cette expérience à ceux de la théorie, Lloyd a mesuré l'angle d'incidence x, pour lequel le phénomène se produit. Dans ce but, il recevait sur un écran zz le rayon réfléchi en O, à la surface du cristal : ce rayon donnait sur zz une petite tache lumineuse, dont il marquait la position W; puis il enlevait le cristal et mettait à sa place un théodolithe dont l'axe se trouvait en O, et dont la lunette décrivait le plan vertical SO. A l'aide de ce théodolithe il visait successivement S et W : il avait ainsi le double de l'angle d'incidence. Il mesurait aussi l'angle d'ouverture du cône.

Voici les résultats qu'il obtint :

	Observé :	Calculé :
Angle d'incidence donnant la réfraction conique intérieure..........	15° 40′	15° 19′
Angle d'ouverture du cône........	1° 50′	1° 55′

La direction OC (*fig.* 82) qui est perpendiculaire au plan qui touche la surface d'onde suivant un cercle a été appelée *axe optique*, car elle jouit d'une des propriétés de l'axe optique des cristaux uniaxes; en effet, tout plan d'onde perpendiculaire à cette direction OC peut, comme nous l'avons vu, se propager dans le cristal sans altération, *quelle que soit la direction de la vibration dans le plan d'onde* [1]. Mais la direc-

---

[1] Un axe optique est ainsi perpendiculaire à une section cyclique de l'ellipsoïde du travail (voir note A). Comme il y a deux directions de sections cycliques, quand l'ellipsoïde n'est pas de révolution, il y a deux axes optiques (*biaxes*); quand l'ellipsoïde est de révolution, il n'y a qu'une direction de plan cyclique et qu'un axe optique (*uniaxes*).

tion symétrique de OC, par rapport à l'axe de plus grande ou de plus petite élasticité. jouit évidemment des mêmes propriétés que OC, et est ainsi un autre axe optique. Les cristaux de cette catégorie possèdent donc deux axes optiques; aussi les appelle-t-on cristaux *biaxes*. Rappelons que ce sont les cristaux appartenant aux systèmes ortho-rhombique, clinorhombique et anorthique.

Comme le rapport des coefficients d'élasticité a, b et c varie un peu suivant la longueur d'onde de la lumière considérée. la forme de la surface d'onde varie un peu aussi, et il en est de même de la position des axes optiques (*dispersion des axes optiques*). Une autre cause qui contribue à la dispersion des axes optiques est la dispersion des axes d'élasticité. dans le cas d'un cristal appartenant au système clinorhombique ou au système anorthique.

21. Réfraction conique extérieure. — Prenons une lame d'un cristal biaxe taillée comme dans le cas précédent; prenons encore un plan d'incidence perpendiculaire à l'axe de moyenne élasticité (*fig.* 85).

Cherchons quelle doit être l'incidence du rayon SO pour qu'un rayon réfracté soit dirigé suivant OI. Pour cela, appliquons la construction d'Huyghens. Le point I étant un ombilic de la surface d'onde, il y a en ce point une infinité de plans tangents. dont deux sont perpendiculaires au plan de la figure, et ont pour traces sur ce plan les tangentes TIT_1, $T'IT'_1$, au cercle C et à l'ellipse E : ces plans enveloppent un cône du quatrième degré, très voisin comme forme d'un cône du second degré, qui coupe le plan de la figure suivant $TIT_1 T'IT'_1$. Ces plans coupent la face d'entrée

suivant des droites TT'T".... par lesquelles nous devons
mener des plans tangents à la sphère représentant la surface
d'onde dans l'air. Tous ces plans tangents touchent la sphère
suivant une courbe fermée coupant le plan de la figure
en $S'_1 S'_2$. On obtient les rayons incidents correspondant au
rayon réfracté OI en joignant tous les points de cette
courbe au point O ; ainsi il y a une infinité de rayons incidents
qui peuvent donner naissance au rayon réfracté OI. Tous
ces rayons forment un cône PE_1E_2, très voisin d'un cône
du second degré.

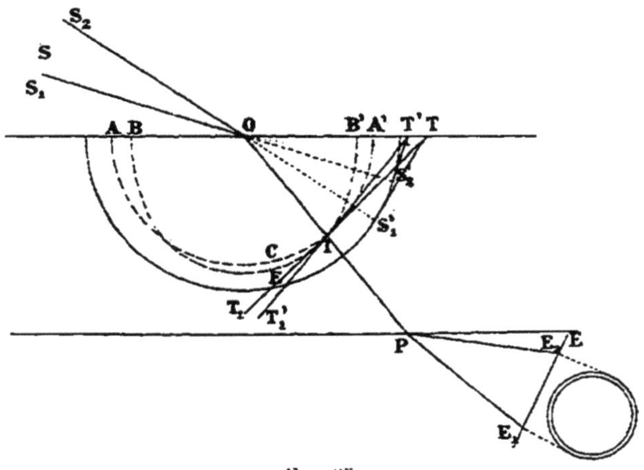

Fig. 85.

A la sortie du cristal, chaque rayon incident sort parallèlement à sa direction primitive. Le rayon OI peut donc
donner naissance à un cône de rayons lumineux et, si on
coupe le faisceau sortant par un écran, on obtient une courbe
fermée lumineuse voisine d'un cercle, qui s'agrandit lorsqu'on
éloigne l'écran du cristal : c'est le phénomène de la réfraction
conique extérieure.

Faisons remarquer que suivant OI se propagent les rayons correspondant aux diverses ondes planes dont la direction est parallèle aux divers plans tangents, en nombre infini, à la surface d'onde au point I. D'après la règle générale, pour chacune de ces ondes, la vibration s'obtient en projetant sur sa direction le rayon OI. A l'émergence, chacune de ces ondes donne naissance à une onde dont le rayon est une des génératrices du cône creux PE_1E_2; chacun de ces rayons est donc polarisé dans une direction différente.

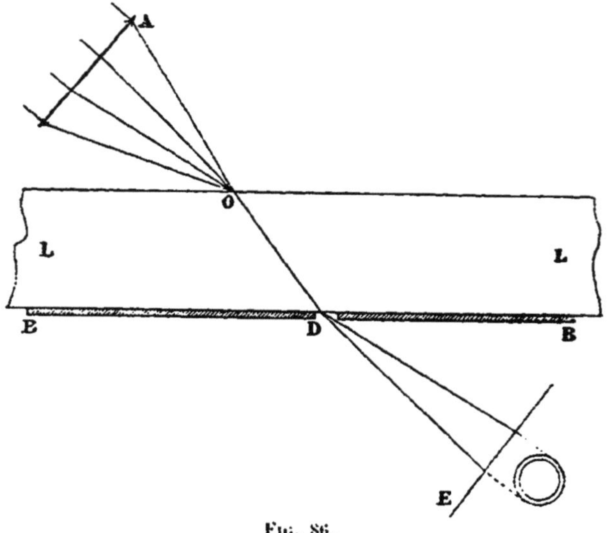

Fig. 86.

Pour constater ce phénomène, Lloyd fit tomber sur la lame cristalline LL un faisceau convergent de lumière naturelle donné par une lentille A (*fig.* 86); et sur la face de sortie, il plaça une lame métallique BB percée d'un petit trou D. En général, deux rayons sortant de ce trou donnent deux petites taches lumineuses sur un écran E. Pour une

position convenable du trou D, on observe au lieu de ces
deux taches une circonférence lumineuse : cela a lieu quand
la ligne OD est dirigée suivant OI. Les rayons incidents
forment à l'entrée du cristal un faisceau convergent : les
seuls rayons qui peuvent sortir sont ceux qui, par réfraction.
donnent naissance au rayon OD : ce sont ceux qui sont
situés sur la surface du cône OS_1S_2 (*fig.* 85).

À la sortie, ces rayons forment de même un cône creux, et,
comme l'indique la théorie, l'expérience permet de constater
que chaque rayon, génératrice de ce cône, est polarisé dans
une direction différente. Il en résulte que, si, au lieu d'être
naturelle, la lumière incidente est polarisée, on n'obtient
à l'émergence, dans l'expérience de Lloyd, qu'un seul rayon
dont la position sur le cône varie avec l'orientation du
plan de polarisation de la lumière incidente.

Lloyd a obtenu ainsi les résultats suivants :

	Observé :	Calculé :
Angle d'incidence donnant la réfraction conique extérieure.........	15° 38′	15° 25′
Angle d'ouverture du cône........	3° 1′	2° 59′

On voit que les résultats de l'observation concordent,
d'une façon frappante, avec ceux de la théorie : c'est une des
meilleures preuves que l'on puisse donner de la parfaite
exactitude de forme de la surface d'onde de Fresnel.

La droite OI, qui est très voisine de l'axe optique, est
appelée *axe de réfraction conique extérieure*. Bien entendu,
de même qu'il y a deux axes optiques, il y a deux axes de
réfraction conique extérieure symétriques par rapport aux
axes de plus grande et de plus petite élasticité.

22. Loi de Malus. — Quand un rayon de lumière polarisé tombe sur un cristal biréfringent, les deux rayons à l'intérieur du cristal ont des intensités différentes en général. et l'intensité de chacun d'eux dépend de l'azimuth du plan de polarisation du rayon incident par rapport au cristal.

Soit I_0 l'intensité maximum que l'on peut obtenir pour l'un des rayons réfractés en faisant tourner le cristal autour de la direction du rayon incident ; si, à partir de la position qui donne le maximum, on fait tourner le cristal d'un angle α autour de la même direction. l'intensité I du rayon réfracté est donnée par la relation :

$$I = I_0 \cos^2 \alpha.$$

Cette loi a été trouvée expérimentalement vers 1810 par Malus et porte son nom. Arago l'a vérifiée par des mesures photométriques précises.

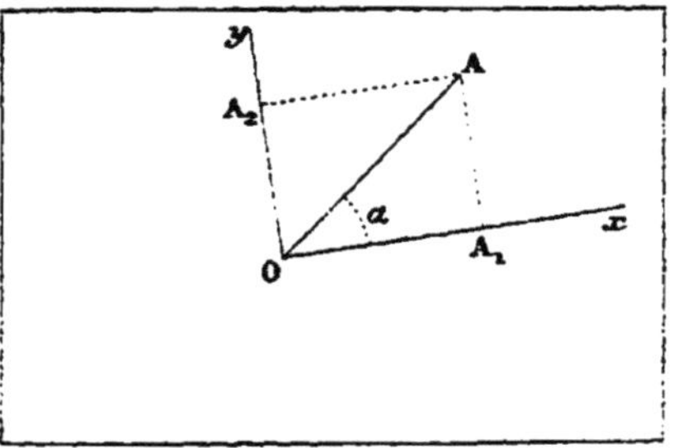

Fig. 87.

Nous allons, comme l'a fait Fresnel, l'établir théoriquement en nous appuyant sur la théorie de la double réfraction.

Supposons d'abord une onde plane polarisée tombant sur une lame cristalline parallèlement à cette lame (incidence normale) (*fig.* 87). Prenons pour plan de la figure le plan de cette onde. Soit OA la direction de vibration de l'onde. En général, le cristal ne pourra propager que des vibrations se faisant suivant deux directions rectangulaires Ox Oy. Aussi, en entrant dans le cristal, l'onde plane incidente, dont la vitesse de vibration v est donnée par

$$v = a \sin 2\pi \frac{t}{T},$$

se dédouble en deux ondes planes ayant l'une ses vibrations suivant Ox et l'autre suivant Oy (voir § 14), les amplitudes de ces vibrations a_1 et a_2 étant données par les formules :

$$a_1 = a \cos \alpha, \qquad a_2 = a \sin \alpha ;$$

c'est-à-dire étant les projections de l'amplitude incidente sur les axes.

Or, on sait que les intensités lumineuses sont proportionnelles aux carrés des amplitudes. Si on désigne par I_0 l'intensité de l'onde incidente après avoir pénétré dans le cristal (pour tenir compte de la perte de lumière par réflexion), par I_1, I_2 les intensités des deux vibrations composantes, on a :

$$\frac{I_0}{a^2} = \frac{I_1}{a_1^2} = \frac{I_2}{a_2^2},$$

ou :

$$I_1 = I_0 \left(\frac{a_1}{a}\right)^2, \qquad \text{et} \qquad I_2 = I_0 \left(\frac{a_2}{a}\right)^2 ;$$

mais

$$\frac{a_1}{a} = \cos \alpha, \quad \text{et} \quad \frac{a_2}{a} = \sin \alpha.$$

Donc :

$$I_1 = I_0 \cos^2 \alpha. \qquad \text{et} \qquad I_2 = I_0 \sin^2 \alpha.$$

Si on suppose $\alpha = 0$, on a pour I_1 la valeur maximum I_0 : on a donc bien pour I_1 la loi indiquée. I_2 prend sa valeur maximum I_0 pour $\alpha = \frac{\pi}{2}$; si on compte les angles α' à partir de l'orientation correspondant à ce maximum, on a encore :

$$I_2 = I_0 \sin^2 \left(\alpha' + \frac{\pi}{2} \right) = I_0 \cos^2 \alpha'.$$

On peut remarquer que l'on a :

$$I_1 + I_2 = I_0 \left(\cos^2 \alpha + \sin^2 \alpha \right) = I_0.$$

La somme des intensités des deux rayons polarisés à angle droit est égale à l'intensité du rayon incident, déduction faite de la perte de lumière par réflexion.

Dans le cas où l'incidence n'est plus normale, les deux ondes planes réfractées ne sont plus parallèles, mais leur angle est très petit et la loi de Malus reste à peu près exacte.

CHAPITRE V

POLARISEURS ET ANALYSEURS FONDÉS SUR LA DOUBLE RÉFRACTION

Nous avons déjà décrit le prisme biréfringent, qui constitue un des analyseurs ou des polariseurs fondés sur la double réfraction. Il en existe plusieurs autres que nous allons décrire.

1. Prisme de Rochon (¹). — Le prisme de Rochon se compose de deux prismes de quartz (*fig.* 88) ABC, BDC, dont les sections droites sont deux triangles rectangles égaux, et qui sont accolés par leurs faces hypoténuses de façon à former un parallélipipède rectangle ACDB. Dans le prisme ABC l'axe du quartz est parallèle à l'arète AB et, par suite, perpendiculaire à la face AC sur laquelle on fait tomber la lumière. Dans le second prisme BDC, l'axe du quartz est au contraire perpendiculaire à la section droite : il est dirigé parallèlement aux arètes qui se projettent en B, C et D.

(¹) Rochon, astronome et physicien français, né à Brest, en 1741, mort en 1817.

Considérons un rayon SI tombant normalement sur la face
AC. Il traverse le premier prisme dans la direction de l'axe
et, par suite, tout se passe comme si ce prisme était formé
d'une substance isotrope.

Mais, en tombant en O sur le second prisme, le rayon se
dédouble en deux rayons réfractés, dont l'un a ses vibrations
dans la section principale du quartz (rayon extraordinaire),
et l'autre dans le plan BCD perpendiculaire à cette section.

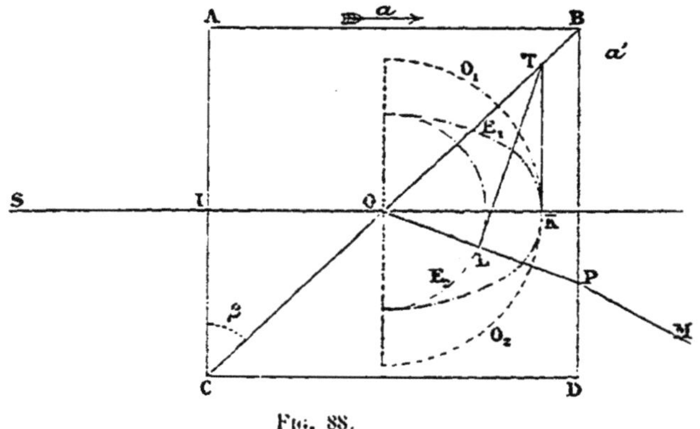

Fig. 88.

Pour avoir ces deux rayons réfractés, appliquons en O la
construction d'Huyghens : traçons la surface d'onde relative
au premier prisme : elle est coupée par le plan de la figure suivant le cercle $O_1 O_2$ et l'ellipse E_1 tangents à l'extrémité K de
l'axe du premier quartz. La surface d'onde relative au second
quartz est coupée par le plan de la figure suivant deux cercles
concentriques : l'un, celui qui correspond à la nappe ordinaire est encore le cercle $O_1 O_2$: l'autre qui correspond à la
nappe extraordinaire est un cercle E_2 de rayon plus petit,
puisque dans le quartz l'ellipsoïde est intérieur à la sphère.

Comme le plan d'incidence est un plan de symétrie pour les surfaces d'onde, toutes les constructions se font dans le plan de la figure. Par le point K menons la tangente au cercle O_1O_2 qui est en même temps tangente à l'ellipse E_1. Cette tangente rencontre en T la surface de séparation des deux quartz et, par ce point T, nous devons mener les tangentes aux deux sections de la surface d'onde du second quartz, c'est-à-dire aux cercles O_1O_2 et E_2. Le point de contact de la première est justement le point K, le rayon réfracté correspondant sera donc OK : il n'est pas dévié et, par suite, il sortira suivant sa direction primitive : ainsi, le rayon ordinaire sort sans déviation. Mais le rayon extraordinaire s'obtient en joignant O au point de contact L de la tangente menée par le point T au cercle E_2 ; il s'écarte donc de la normale, et en sortant par la face BD il s'en écartera encore davantage, suivant une direction PM que l'on déterminerait en appliquant la construction d'Huyghens au point de sortie P.

Après le passage à travers le prisme de Rochon, les deux rayons émergents polarisés sont donc séparés et font entre eux un angle α, d'autant plus grand que l'angle ACB du prisme est plus grand.

Lorsque le rayon incident n'est pas tout à fait normal à la face AC, les résultats obtenus sont encore très sensiblement les mêmes.

2. Prisme de Wollaston. — Wollaston a modifié le prisme de Rochon de façon à augmenter l'angle des deux rayons émergents.

L'appareil a la même disposition, mais l'axe du premier quartz, au lieu d'être perpendiculaire à la face d'entrée, est

parallèle à cette face et dirigé suivant AC (*fig.* 89). L'axe du
second est toujours perpendiculaire à la section droite. Avec
cette disposition, on voit qu'un rayon incident, tombant normalement à la face AC, donne à l'intérieur du premier prisme
deux rayons confondus suivant la direction du rayon incident ;
mais les ondes correspondant à ces deux rayons se propagent

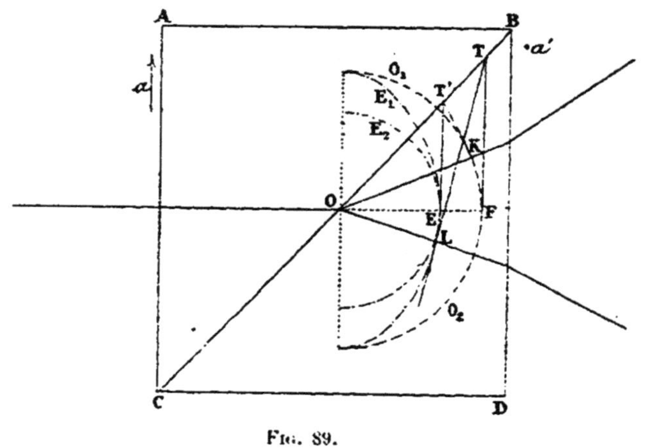

Fig. 89.

avec des vitesses différentes, puisque ces vitesses sont proportionnelles aux rayons OE, OF de la surface d'onde de ce
premier quartz. Le rayon ordinaire dans le premier quartz a
ses vibrations perpendiculaires à l'axe de ce quartz; par conséquent, parallèles à l'axe du second quartz : il deviendra donc
rayon extraordinaire en passant dans celui-ci, sans donner
naissance à un rayon ordinaire d'après la loi de Malus. Inversement, le rayon extraordinaire dans le premier quartz deviendra ordinaire dans le second, sans donner naissance à un
rayon extraordinaire. Il faut tenir compte de ce fait en appliquant la construction d'Huyghens pour trouver la direction

des rayons réfractés par la surface CD. Ainsi, par le point T où la tangente en F à l'onde ordinaire du premier quartz rencontre la surface de séparation CB, il faudra mener une tangente TL à l'onde extraordinaire seulement, de façon à avoir en OL le rayon réfracté extraordinaire dans le second quartz ; et il est inutile de mener par T une tangente à l'onde ordinaire du second quartz, puisque le rayon ordinaire du premier quartz ne peut pas donner de rayon ordinaire dans le second. De même, par le point T' où la tangente en E à l'onde extraordinaire du premier quartz rencontre la surface de séparation BC, il suffit de mener la tangente TK à l'onde ordinaire dans le second quartz, de façon à avoir le rayon ordinaire OK, et il est inutile de mener par T' une tangente à l'onde extraordinaire du second quartz, puisque le rayon extraordinaire du premier quartz ne peut pas donner naissance à un rayon extraordinaire dans le second.

On voit qu'en sortant du second quartz la divergence des deux rayons réfractés OL et OK augmente encore.

Il est facile de distinguer immédiatement un prisme de Rochon d'un prisme de Wollaston : il suffit de regarder un objet à travers le prisme et de faire tourner ce dernier autour d'une normale à la face d'entrée : si c'est un Rochon une des images reste immobile, l'autre tournant autour d'elle ; si c'est un Wollaston les deux images se déplacent.

3. Lunette de Rochon. — La lunette dite « de Rochon » sert à déterminer le diamètre apparent d'un objet situé à une certaine distance. Elle utilise le dédoublement d'un rayon par un prisme de Rochon. C'est une lunette astronomique ordinaire (*fig.* 90), dans laquelle on a placé en P entre l'objec-

tif C et son plan focal F un prisme de Rochon. Si le Rochon
n'existait pas, l'objectif donnerait, d'un objet éloigné, une
image AB dans son plan focal. Mais en passant à travers le
Rochon, le rayon CA se dédouble en deux rayons : l'un traversant sans déviation, et l'autre étant dévié suivant OA'.

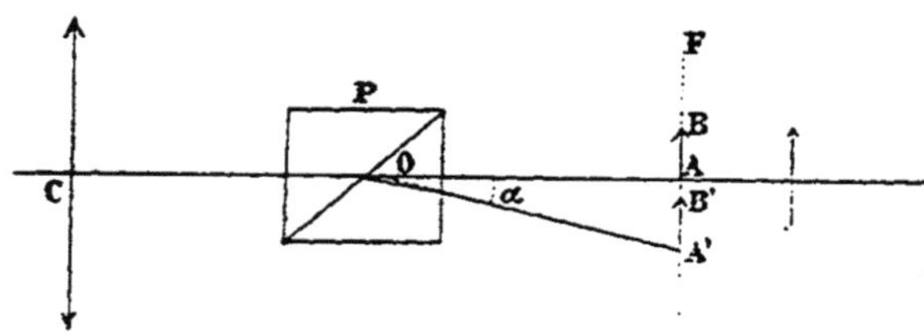

Fig. 90.

Tous les rayons se dédoublent de même, et, comme ils
tombent tous sous une incidence très faible, ils se dédoublent
en deux rayons faisant entre eux le même angle $\alpha = AOA'$. Un
même point de l'objet donne donc deux images réelles A, A',
et il en est de même de tous les points de l'objet : on a donc
deux images de l'objet AB, A'B'.

Évaluons la distance AA'. Dans le triangle AOA', on a :

$$AA' = OA \, \mathrm{tg}\, \alpha.$$

On a en appelant d la distance OA du rochon au plan F où se
forment les images réelles et qui est regardé par l'oculaire [1]

$$AA' = d \, \mathrm{tg}\, \alpha \qquad (1$$

<hr>

[1] Ce plan est un peu plus éloigné de l'objectif que le plan focal, à
cause de l'interposition du prisme de Rochon P, qui, à ce point de vue,
agit à peu près comme le ferait un parallélipipède en verre.

Soit ω le diamètre apparent de l'objet ; on a :

$$AB = F \, tg \, \omega \qquad\qquad (2)$$

F étant la distance focale de l'objectif.

L'équation (1) montre que AA′ est proportionnel à d. En faisant varier d, on peut donc faire varier l'écartement des images. Faisons-le varier jusqu'à ce que les extrémités A et B′ des deux images se touchent; alors :

$$AB = AA'$$

et, par conséquent, d'après les équations (1) et (2)

$$F \, tg \, \omega = d \, tg \, \alpha. \quad \text{d'où} \quad tg \, \omega = d. \frac{tg \, \alpha}{F}$$

$\dfrac{tg \, \alpha}{F}$ est une constante de l'appareil ; $tg \, \omega$ est proportionnel à d. On mesure une fois pour toutes le coefficient $\dfrac{tg \, \alpha}{F}$ en visant avec la lunette un objet dont le diamètre apparent est connu, au moyen d'un théodolithe par exemple.

On fait varier la distance d au moyen d'un pignon engrenant sur une crémaillère fixée au rochon. Une graduation tracée le long de la lunette donne la distance d.

4. Analyseurs et polariseurs monoréfringents. — Ce sont des instruments donnant un rayon de lumière polarisée unique. On obtient ce résultat en éliminant un des deux rayons réfractés.

On peut, pour cela, employer, comme nous l'avons déjà dit, certains cristaux colorés tels que la *tourmaline* : chacun des rayons réfractés a un coefficient d'absorption particulier. Avec la tourmaline, par exemple, le coefficient d'absoption du rayon ordinaire est plus grand que celui du rayon extraordinaire. Si on prend une lame de tourmaline taillée parallèlement à l'axe, et d'une épaisseur convenable, le rayon ordinaire est complètement absorbé, et le rayon extraordinaire sort seul avec une intensité très suffisante.

Le plan de polarisation du rayon qui sort est perpendiculaire à la section principale de la tourmaline ; la vibration se fait parallèlement à l'axe.

5. Prisme de Nicol. — Prisme de Foucault. — Le nicol est le type des polariseurs monoréfringents donnant un rayon incolore.

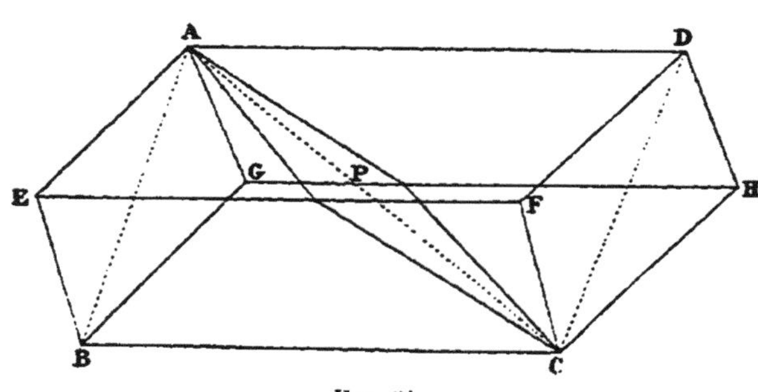

Fig. 91.

Prenons un cristal de spath allongé ADEFBCGH (*fig.* 91). Soit A un sommet où les faces forment trois angles égaux ; il y a dans le cristal deux sommets semblables A et C. Soit AD une des arètes les plus longues, et considérons le plan bissecteur ABCD du dièdre AD : il contient l'axe du cristal, c'est donc une section principale. Menons par AC un plan P perpendiculaire à ce plan bissecteur : coupons le spath par un trait de scie suivant ce plan, et replaçons les deux moitiés

dans leur position primitive, mais en intercalant entre elles
une lame très mince d'un corps ayant un indice de réfraction
plus petit que l'indice ordinaire du spath.

Dans le cas du prisme de Nicol proprement dit, on colle les
deux morceaux avec du baume de Canada dont l'indice est
compris entre les indices ordinaire et extraordinaire du
spath.

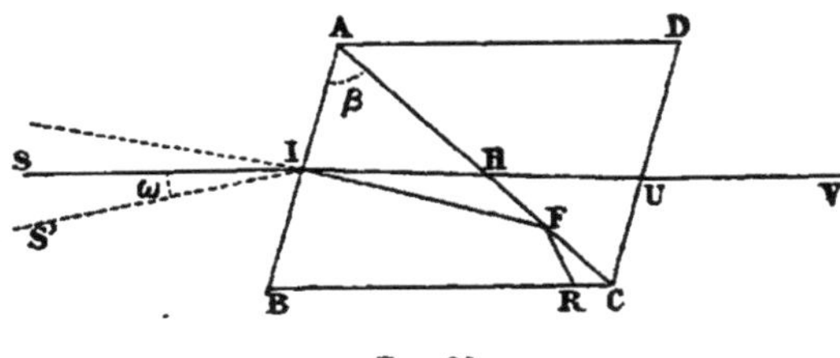

Fig. 92.

Si on fait tomber un rayon lumineux SI (*fig.* 92) parallèlement à l'arête AD, sur la face AB, il se dédouble, en entrant
dans le nicol, en deux rayons : le rayon ordinaire IF et le rayon
extraordinaire IH. Le plan AC doit faire avec la face AB un
angle β tel que l'angle d'incidence du rayon IF sur la lame
de baume de Canada soit supérieur à l'angle limite, ce qui est
possible, puisque le baume de Canada a un indice inférieur
à l'indice ordinaire du spath ; le rayon ordinaire est alors
réfléchi totalement suivant FR et absorbé par les parois laté-
rales du nicol, qui sont noircies. Au contraire, le rayon extraordinaire, qui tombe sous un angle moindre, traverse la
couche de baume de Canada et sort du nicol suivant une direction UV parallèle à sa direction d'entrée SI.

On a donc un rayon unique de lumière polarisée à la sortie
du nicol.

La figure 93 indique les chemins suivis par les deux
rayons, en appliquant la construction d'Huyghens aux points
I et F. Pour tracer les surfaces d'onde, on remarque que
l'axe du spath est dans le plan ABCD et fait un angle d'environ 45° avec la face AB. Au point F, on a tracé le cercle PG
correspondant à la surface d'onde ordinaire du spath, et le
cercle QZ correspondant à la surface d'onde dans le baume
de Canada; son rayon est supérieur à celui du premier cercle.
Pour qu'il y ait réflexion totale, on voit qu'il faut qu'il n'y ait

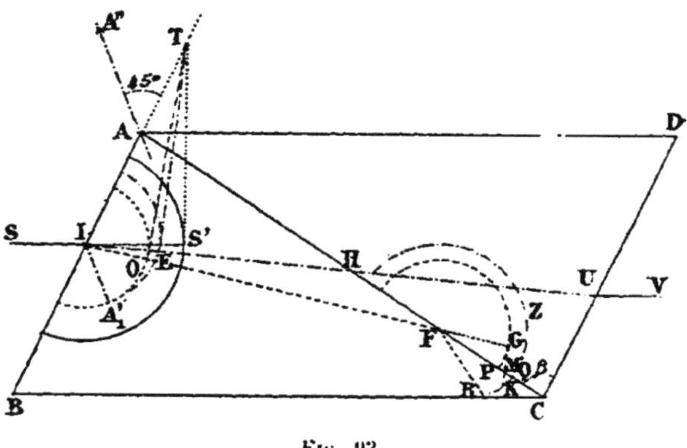

Fig. 93.

pas de rayon réfracté pénétrant dans le baume, ce qui aura
lieu si le point M, par lequel on doit mener la tangente au
cercle QZ, se trouve à l'intérieur de ce cercle : cette condition
détermine l'inclinaison β qu'il faut donner à la face AC. Cette
face devra faire avec AB un angle plus grand que la droite
FK, en désignant par K le point où la tangente en G à la section de la surface d'onde ordinaire du spath PO rencontre la
section de la surface d'onde du baume de Canada.

Si l'on considère un rayon incident SI faisant avec la

direction AD un angle ω et situé au-dessous de SI. on voit
(*fig.* 92) que l'angle d'incidence du rayon IF sur le baume de
Canada est plus petit, et qu'il va en diminuant lorsque ω augmente : il y aura donc un moment où, cet angle devenant plus
petit que l'angle limite, le rayon ordinaire passera : il faut donc
éviter de trop incliner le nicol dans ce sens sur la lumière
incidente. Il ne faut pas non plus l'incliner trop dans l'autre
sens, car, dans ce cas, l'incidence du rayon III augmentant, ce
rayon pourrait être réfléchi totalement à son tour. Les rayons
efficaces sont donc compris dans un cône situé autour de SI :
l'angle de ce cône (*champ*) varie avec la substance qui sépare
les deux morceaux de spath. Avec le baume de Canada, on
trouve que la valeur maximum de cet angle est de 30° et qu'elle
est atteinte lorsque $\beta = 90°$ environ. Pour qu'il en soit ainsi.
il faut que l'arête AD soit très longue : elle doit avoir environ
trois fois la longueur de la diagonale AB.

Si l'on sépare les deux moitiés du spath par une substance
ayant un indice plus faible que le baume de Canada, on arrive
à diminuer cette longueur AD ; mais on diminue en même temps
le champ.

Dans le *prisme de Foucault* les deux moitiés du spath sont
séparées par une lame d'air ; l'arête AD est sensiblement
égale à AB, le prisme est donc beaucoup moins long et, par
conséquent, moins coûteux que le nicol, mais le champ est
beaucoup plus réduit : l'angle du cône de rayons efficaces
est de 8° 38' seulement pour une valeur de β égale à 54° 30'.

Il existe plusieurs autres modifications du nicol ; nous ne
les décrirons pas, car elles sont peu employées.

6. Tout polariseur peut servir d'analyseur. — Faisons tomber un rayon de lumière polarisée sur un des appareils (prisme biréfringent, rochon, tourmaline, nicol, etc...) que nous avons décrits comme polariseur. Le rayon émergent unique, si l'appareil est monoréfringent, ou l'un des deux rayons émergents, s'il est biréfringent, a, d'après la loi de Malus, une intensité donnée par

$$I = I_0 \cos^2 z$$

en désignant par z l'angle dont on a tourné l'appareil autour du rayon incident à partir de la position qui donne le maximum d'intensité au rayon émergent. On voit par là que l'intensité de ce rayon dépend de l'angle z, et est nulle si

$$z = \frac{\pi}{2}$$

Si, au contraire, la lumière qui tombe sur l'appareil est naturelle, l'intensité du rayon émergent reste constante quand on le fait tourner autour de la direction du rayon incident.

Ainsi tous ces polariseurs peuvent permettre de distinguer un rayon de lumière polarisée d'un rayon de lumière naturelle, c'est-à-dire peuvent servir d'analyseurs.

Cette propriété est même encore plus générale, car elle s'applique aussi aux polariseurs qui ne sont pas fondés sur la double réfraction : en effet, pour des raisons semblables à celles que nous avons exposées dans le cas de la double réfraction, on trouve que la loi de Malus est encore applicable, et la démonstration ci-dessus subsiste par conséquent.

CHAPITRE VI

POLARISATION CHROMATIQUE

**1. Découverte de la polarisation chromatique. —
Description du phénomène.** — En 1811, Arago découvrit qu'en faisant tomber de la lumière polarisée sur une
lame cristalline mince, et en regardant la lame avec un analyseur, elle apparaissait teintée de vives couleurs : c'est le phénomène de la polarisation chromatique ([1]). D'une façon
générale, si une lame mince d'un cristal biréfringent est placée entre un analyseur et un polariseur, la lumière qui sort
est colorée si la lumière incidente est blanche. Si l'on se sert
d'un analyseur biréfringent, les deux images obtenues sont
teintes de couleurs complémentaires : leur superposition
donne une teinte blanche. Si la lumière qui tombe sur la

([1]) Arago découvrit ce phénomène en regardant. à travers un cristal
de spath d'Islande. une lame de mica, éclairée par la lumière venant
d'un ciel sans nuage. Il vit les deux images de la lame teintes de couleurs complémentaires. Arago savait déjà que la lumière venant des
parties bleues du ciel est en partie de la lumière polarisée.

lame n'est pas polarisée le phénomène disparaît : il en est de même si on supprime l'analyseur.

Lorsqu'on fait tourner l'analyseur biréfringent, on constate que les images se modifient : pour certaines positions leur coloration est maximum, puis elle diminue quand on s'écarte de cette position, jusqu'à ce que les deux images deviennent à la fois blanches ; si on continue à tourner l'analyseur, les couleurs reparaissent dans les deux images, mais elles se sont échangées.

En tout cas, on n'a jamais, pour une même lame, que deux couleurs différentes, qui sont complémentaires.

Biot (¹) a étudié ce phénomène au point de vue expérimental. Il est facile d'en donner la théorie.

2. Explication et étude théorique de la polarisation chromatique.

— Supposons d'abord que la lumière incidente soit monochromatique. Considérons une onde incidente polarisée, tombant normalement sur une lame cristalline mince à faces parallèles. Prenons pour plan de la figure le plan de cette onde, et soit OA (*fig.* 94) la direction de vibration de l'onde incidente.

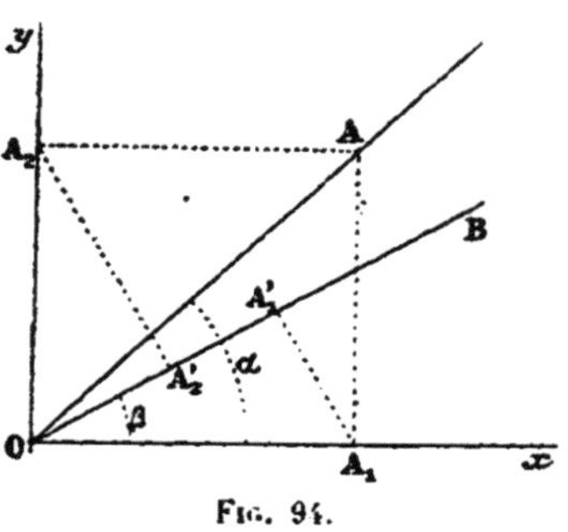

Fig. 94.

La lame cristalline peut propager sans altération des vibrations qui ont lieu suivant deux directions rectangu-

(¹) Biot, savant français, né à Paris, en 1774, mort en 1862.

laires Ox, Oy. La vitesse vibratoire de l'onde incidente est donnée par

$$v = a \sin 2\pi \frac{t}{T}$$

Elle équivaut à deux vibrations, dirigées suivant Ox et Oy, dont les amplitudes a_1, a_2 sont données par

$$a_1 = a \cos \alpha \qquad a_2 = a \sin \alpha$$

α étant l'angle de OA avec Ox. Les vitesses vibratoires correspondantes sont :

$$v_1 = a_1 \sin 2\pi \frac{t}{T} \qquad v_2 = a_2 \sin 2\pi \frac{t}{T}.$$

L'onde dont la vibration est dirigée suivant Ox met un certain temps θ_1 à traverser la lame cristalline. A la sortie de la lame, la vibration au temps t est la même qu'à l'entrée au temps $t - \theta_1$: elle est donnée par :

$$v'_1 = a_1 \sin 2\pi \frac{t - \theta_1}{T}.$$

L'onde dont la vibration est dirigée suivant Oy se propage avec une vitesse différente, et si θ_2 est le temps nécessaire pour qu'elle traverse la lame, la vitesse vibratoire à la sortie est donnée par :

$$v'_2 = a_2 \sin 2\pi \frac{t - \theta_2}{T}.$$

Posons :

$$t - \theta_1 = t' \qquad \text{d'où} \qquad t = \theta_1 + t'.$$

Les valeurs de v_1' et de v_2' peuvent alors s'écrire :

$$v_1' = a_1 \sin 2\pi \frac{t'}{T}$$

$$v_2' = a_2 \sin 2\pi \left[\frac{t'}{T} - \frac{\theta_2 - \theta_1}{T} \right].$$

On voit que ces deux vibrations rectangulaires présentent une différence de phase $2\pi \dfrac{\theta_2 - \theta_1}{T}$ à la sortie de la lame. Posons :

$$\frac{\theta_2 - \theta_1}{T} = \delta. \qquad (1)$$

On a :

$$v_2' = a_2 \sin 2\pi \left(\frac{t'}{T} - \delta \right)$$

Ces deux vibrations étant rectangulaires ne peuvent interférer : sur un écran, on n'observera rien de particulier. Mais faisons tomber la lumière sur un analyseur monoréfringent ne laissant passer que les vibrations dirigées suivant OB. La vibration dirigée suivant Ox donne, suivant OB, une composante ayant pour amplitude a_1', et si β est l'angle de OB avec Ox, on a

$$a_1' = a_1 \cos \beta = a \cos \alpha \cos \beta. \qquad (2)$$

La vibration dirigée suivant Oy donne de même suivant OB une composante a_2' :

$$a_2' = a_2 \sin \beta = a \sin \alpha \sin \beta. \qquad (3)$$

Ces deux composantes a_1', a_2' sont dirigées suivant la même droite OB, et elles peuvent interférer.

Soient v_1', v_2' les vitesses vibratoires de chacune d'elles :

$$v_1' = a_1' \sin 2\pi \frac{t'}{T}$$

$$v_2'' = a_2' \sin 2\pi \left(\frac{t'}{T} - \delta\right) \cdot$$

Composons ces deux vibrations : la vitesse résultante v'' est donnée par :

$$v'' = v_1' + v_2''.$$

On sait que v'' peut se mettre sous la forme

$$v'' = A \sin 2\pi \left(\frac{t'}{T} - \varphi\right) \cdot$$

Le coefficient d'amplitude A s'obtient par la règle de Fresnel : sur une droite quelconque CX (*fig.* 95), portons une longueur $CA_1' = a_1'$. Par le point A_1' menons une droite $A_1'A''$ de longueur a_2' et faisant avec CA_1' un angle $2\pi\delta$. L'amplitude A de la vibration résultante est représentée par la longueur CA'' : on a donc dans le triangle $CA_1'A''$:

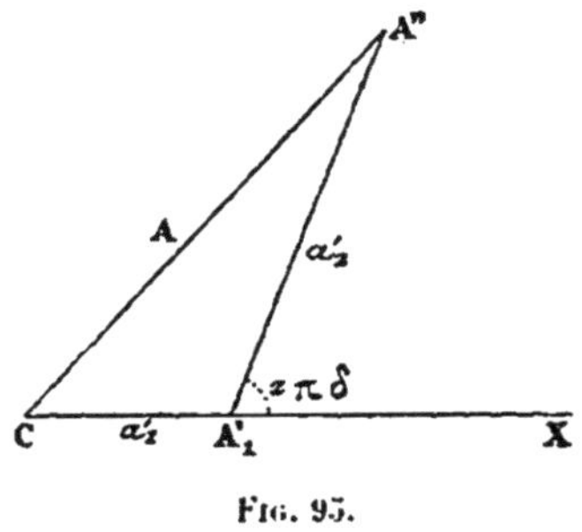

Fig. 95.

$$A^2 = a_1'^2 + a_2'^2 + 2a_1'a_2' \cos 2\pi\delta$$

ou, en ajoutant et retranchant $2a_1'a_2'$ au second membre :

$$A^2 = (a_1' + a_2')^2 - 2a_1'a_2' + 2a_1'a_2' \cos 2\pi\delta$$
$$= (a_1' + a_2')^2 - 2a_1'a_2' (1 - \cos 2\pi\delta).$$

Et comme on a $1 - \cos 2\pi\delta = 2\sin^2 \pi\delta$, il vient:

$$A^2 = (a_1' + a_2')^2 - 4a_1'a_2' \sin^2 \pi\delta. \qquad (4)$$

Remplaçons a_1', a_2' par leur valeurs données par les équations (2) et (3):

$$A^2 = a^2 (\cos\alpha\cos\beta + \sin\alpha\sin\beta)^2 - 4a^2 \cos\alpha\cos\beta\sin\alpha\sin\beta\sin^2\pi\delta$$

ou:

$$A^2 = a^2 [\cos^2 (\beta - \alpha) - \sin 2\alpha \sin 2\beta \sin^2 \pi\delta].$$

Les intensités suivant OA et OB sont proportionnelles à a^2 et A^2. Donc, si I est l'intensité de la vibration suivant OB à la sortie de l'analyseur et I_0 l'intensité de la vibration incidente, on a ([1]):

$$\frac{I}{I_0} = \cos^2 (\beta - \alpha) - \sin 2\alpha \sin 2\beta \sin^2 \pi\delta. \qquad (5)$$

Évaluons δ, égal à $\dfrac{\theta_2 - \theta_1}{T}$ d'après la relation (1) en fonction de l'épaisseur de la lame.

Soit e l'épaisseur de la lame, V_1 et V_2 les vitesses de propagation de la vibration, qui se fait suivant Ox et de celle qui se fait suivant Oy, on a:

$$\theta_1 = \frac{e}{V_1} \qquad \text{et} \qquad \theta_2 = \frac{e}{V_2}$$

d'où:

$$\delta = \frac{e}{T} \left(\frac{1}{V_2} - \frac{1}{V_1} \right).$$

---

[1] En disant que I_0 est l'intensité incidente nous négligeons les pertes de lumière par réflexion. En réalité I_0 est l'intensité incidente diminuée de ces pertes de lumière, peu importantes du reste.

Soit V la vitesse de propagation dans l'air : multiplions et divisons le second membre par V :

$$\delta = \frac{e}{VT}\left[\frac{V}{V_2} - \frac{V}{V_4}\right].$$

Or, VT est la longueur d'onde λ dans l'air de la lumière considérée.

Posons :

$$n_1 = \frac{V}{V_4} \qquad n_2 = \frac{V}{V_2}.$$

Il vient :

$$\delta = \frac{e}{\lambda}(n_2 - n_1). \tag{6}$$

Si l'un des rayons. par exemple celui qui a la vitesse V_4, obéit à la loi de Descartes, n_1 est son indice de réfraction. D'une façon générale, nous appellerons indice de réfraction d'un rayon quelconque le rapport $\dfrac{V}{V_4}$ des vitesses de propagation de la lumière dans le vide et dans le cristal suivant la direction considérée.

Discutons maintenant la formule (5) qui donne l'intensité de la lumière émergente :

Terme incolore. — Supposons d'abord que le second terme de la valeur de $\dfrac{I}{I_0}$ soit nul, quel que soit δ, c'est-à-dire que l'on ait :

$$\sin 2\alpha = o \qquad \text{ou} \qquad \sin 2\beta = o,$$

La formule se réduit alors à

$$\frac{I}{I_0} = \cos^2(\beta - \alpha).$$

On voit que le rapport de I à I_0 est indépendant de la longueur d'onde λ de la lumière considérée. Si donc la lumière qui tombe sur la lame est de la lumière blanche, formée, comme on le sait, d'une infinité de couleurs simples ayant chacune une longueur d'onde propre, toutes ces couleurs, après le passage à travers la lame, sont affaiblies dans le même rapport ; par suite, la lumière émergente est encore de la lumière blanche. Cette lumière blanche est d'ailleurs plus ou moins intense, suivant la valeur de $\cos^2(\beta - \alpha)$: si cette valeur est très faible, on a une lumière blanche très faible, c'est-à-dire du gris ; si elle nulle, il y a obscurité complète. On ne peut donc avoir dans ce cas que du blanc, du gris ou du noir, ce que nous conviendrons de désigner par *teinte incolore*.

Pour cette raison, nous appellerons *terme incolore* le terme $\cos^2(\beta - \alpha)$.

Terme coloré. — Supposons, au contraire, maintenant que le terme incolore soit nul :

$$\cos^2(\beta - \alpha) = 0 \quad \text{d'où} \quad \beta - \alpha = \pm \frac{\pi}{2}$$

On a, par suite,

$$2\beta = 2\alpha \pm \pi \quad \text{et} \quad \sin 2\beta = - \sin 2\alpha.$$

La formule (5) devient alors

$$\frac{I}{I_0} = \sin^2 2\alpha \, \sin^2 \pi\delta.$$

On voit que la valeur de I dépend de δ. Or, on a :

$$\delta = \frac{e}{\lambda}(n_2 - n_1) : \qquad\qquad (6 \; bis)$$

δ dépend donc de λ et, par suite, varie pour les différentes couleurs : ainsi la valeur de $\dfrac{I}{I_0}$ n'est pas la même pour les différentes couleurs. Si la lumière incidente est de la lumière blanche, les différentes lumières simples qui la composent ne sont pas toutes affaiblies dans le même rapport : la lumière émergente n'est plus blanche en général. Supposons, par exemple, l'épaisseur de la lame telle que :

$$(n_1 - n_2)\, e = 1^\mu,2$$

μ représentant le micron.

Considérons la lumière rouge dont la longueur d'onde $\lambda = 0^\mu,6$. La valeur de δ correspondante est, d'après l'équation (6),

$$\delta = \frac{1^\mu,2}{0^\mu,6} = 2$$

Donc

$$\sin^2 \pi\delta = \sin^2 2\pi = 0.$$

Par suite, l'intensité I de la lumière rouge émergente est nulle, et si la lumière incidente était rouge, nous aurions obscurité complète.

Pour la lumière violette $\lambda = 0^\mu,4$; si nous négligeons la variation très faible de $n_2 - n_1$, quand on passe du rouge au violet, nous aurons encore

$$(n_1 - n_2)\, e = 1^\mu,2.$$

La valeur de δ correspondant à la lumière violette est donc :

$$\delta = \frac{1^\mu,2}{0^\mu,4} = 3.$$

Donc

$$\sin^2 \pi \delta = \sin^2 3\pi = 0.$$

L'intensité I de la lumière violette émergente est donc nulle aussi. Mais, pour les couleurs dont la longueur d'onde est intermédiaire entre le rouge et le violet, δ prend toutes valeurs comprises entre 2 et 3. Pour l'une de ces couleurs, on a, en particulier :

$$\delta = 2,5$$

La valeur correspondante de $\sin^2 \pi \delta$ est :

$$\sin^2 \left(2\pi + \frac{\pi}{2} \right) = 1.$$

Donc

$$I = I_0 \sin^2 2\alpha.$$

La couleur correspondante possède, à la sortie, une intensité maximum, et les autres couleurs ont des intensités intermédiaires. Par conséquent, si la lumière incidente est blanche, la lumière émergente ne l'est plus : dans l'exemple donné ci-dessus, elle serait jaune.

La formule (5) rend donc bien compte du phénomène de la polarisation chromatique.

Cas général. — Examinons maintenant le cas général où aucun des deux termes du second membre de l'équation (5) n'est nul. L'intensité d'une couleur quelconque se compose de deux parties: l'une indépendante de la longueur d'onde, donnée par le terme incolore, l'autre dépendant de la longueur d'onde. On doit donc avoir de la lumière colorée, mais plus ou moins mélangée de lumière blanche et, par suite, la coloration est moins vive, en général, que si le terme incolore n'existait pas.

Les deux images données par un analyseur biréfringent sont complémentaires. — Imaginons maintenant que l'on fasse tourner l'analyseur de 90° à partir de la position qu'il occupe actuellement. L'angle β prend une valeur $\beta' = \beta + \frac{\pi}{2}$ et la formule (5) donne pour nouvelle valeur I' de l'intensité :

$$\frac{I'}{I_0} = \cos^2(\beta' - \alpha) - \sin 2\alpha \sin 2\beta' \sin^2 \pi\delta$$

ou :

$$\frac{I'}{I_0} = \sin^2(\beta - \alpha) + \sin 2\alpha \sin 2\beta \sin^2 \pi\delta. \qquad (7)$$

En ajoutant membre à membre les égalités (5) et (7) il vient :

$$\frac{I + I'}{I_0} = 1 \qquad \text{d'où :} \qquad I + I' = I_0.$$

Donc, pour chaque couleur simple, la somme des intensités pour deux positions de l'analyseur à 90° est égale à l'intensité incidente. Par suite, si la lumière incidente est blanche, les deux teintes obtenues dans ces deux positions de l'analyseur reproduiraient du blanc par leur superposition : ces deux teintes sont donc complémentaires. Or, c'est exactement ce qui se présente lorsqu'on emploie un analyseur biréfringent, puisque, pour les deux images que donne cet analyseur, les vibrations ont des directions rectangulaires. Donc la teinte donnée par les rayons ordinaires sortant de cet analyseur est complémentaire de celle donnée par les rayons extraordinaires : si l'une est verte, l'autre est rouge;

si l'une est bleue, l'autre est jaune. C'est bien ce que l'on trouve par l'expérience.

Puisque les deux images données par un analyseur biréfringent sont complémentaires, il suffit de s'occuper d'une d'elles, par exemple celle qui est fournie par les rayons extraordinaires. Aussi dans tout ce qui va suivre, supposerons-nous que l'analyseur est monoréfringent et ne laisse passer que le rayon extraordinaire (comme un nicol). Comme celui-ci, d'après Fresnel, a sa vibration suivant la section principale, nous indiquerons le plus souvent par l'expression de « section principale » la direction des vibrations de la lumière polarisée qui sortent de l'analyseur. Cela ne restreindra pas la généralité des conclusions, puisqu'il suffit, dans le cas d'un autre analyseur ou de l'image ordinaire d'un analyseur biréfringent, de remplacer l'expression de « section principale » par celle de « direction des vibrations sortant de l'analyseur ».

Changement de signes du terme coloré. — Examinons ce qui va se passer lorsqu'un des deux facteurs $\sin 2\alpha$ ou $\sin 2\beta$ s'annule. Supposons, par exemple, que ce soit $\sin 2\alpha$; quand α varie, ce terme change de signe en passant par zéro. Si $\sin 2\beta$ ne s'annule pas en même temps, le terme coloré change de signe. Il est facile de voir que, dans ce cas, la teinte s'affaiblit, devient incolore, quand $\sin 2\alpha = 0$, puis est remplacée par la teinte complémentaire.

En effet, avant le changement de signe, le rapport $\dfrac{I}{I_0}$ est de la forme

$$\frac{I}{I_0} = A - B \sin^2 \pi\delta.$$

Lorsque $\sin 2\alpha$ a changé de signe, le second terme a changé de signe, et si nous considérons des valeurs de α et β telles que B reprenne la même valeur absolue, on a pour la nouvelle valeur I' de l'intensité :

$$\frac{I'}{I_0} = A' + B \sin^2 \pi \delta.$$

Si on superposait les deux teintes, on aurait donc une intensité résultante $I + I'$ telle que

$$\frac{I + I'}{I_0} = A + A'.$$

Cette intensité résultante étant indépendante de λ, on a de la lumière blanche : la teinte à laquelle on est passé est complémentaire de la première. De plus, lorsque $\sin 2\alpha = 0$, on a

$$\frac{I}{I_0} = \cos^2 (\beta - \alpha).$$

A ce moment on passe par une teinte incolore.

Cherchons dans quelles conditions ces changements de signe se produisent.

Rotation de l'analyseur. — Faisons tourner l'analyseur, le polariseur et la lame cristalline restant fixe. Alors β varie et α reste constant. Le terme coloré s'annule pour $\sin 2\beta = 0$, ce qui a lieu pour les valeurs suivantes de β :

$$0 \qquad \frac{\pi}{2} \qquad \pi \qquad \frac{3\pi}{2}.$$

Pour ces quatre orientations, l'image n'est pas colorée. Elles sont obtenues lorsque la section principale de l'ana-

lyseur est parallèle à une des deux directions de vibration
de la lame cristalline. Si sin 2α n'est pas nul, en faisant
tourner l'analyseur toujours dans le même sens, on passe,
pour chacune de ces orientations, d'une teinte à la complémentaire.

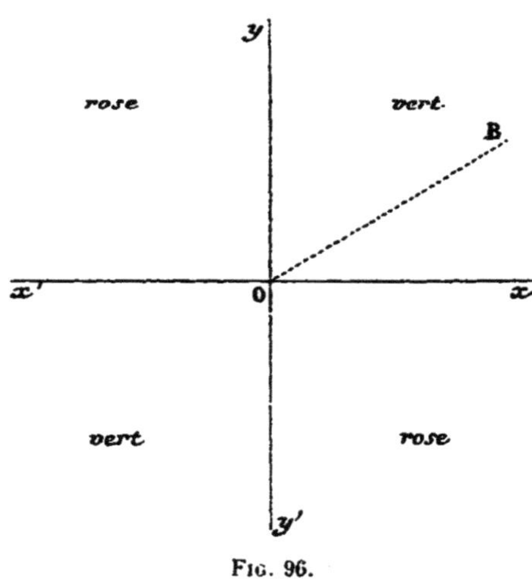

Fig. 96.

Par exemple (*fig.* 96) si, la section principale de l'analyseur OB étant dans l'angle xOy, on a du vert, on aura du
rose quand elle sera dans l'angle yOx'; du vert dans l'angle
$x'Oy'$; et du rose dans l'angle $y'Ox$.

Rotation du polariseur. — Si maintenant, laissant l'analyseur et la lame cristalline fixes, on fait tourner le polariseur, β reste fixe et α varie; et comme la formule qui donne I
est symétrique en α et β, on observera les mêmes phénomènes.

En particulier, si l'on tourne le polariseur de 90° à partir
d'une certaine position, on passe d'une couleur à la couleur

complémentaire : c'est pourquoi si l'on vient à faire tourner très rapidement le polariseur, les teintes complémentaires se succédant très rapidement, à cause de la persistance des impressions sur la vitesse, l'œil ne voit que du blanc. Ainsi s'explique le fait que la lumière naturelle, tombant sur une lame cristalline. puis sur un analyseur, ne donne pas lieu à la polarisation chromatique. Nous avons vu, en effet, que la lumière naturelle peut être considérée comme de la lumière polarisée. dont le plan de polarisation varie très rapidement.

Rotation de la lame cristalline. — Supposons enfin que, laissant l'analyseur et le polariseur fixes, on fasse tourner la lame dans son plan :

La valeur de $\beta - \alpha$ reste constante : le terme incolore ne change donc pas. Supposons que $\beta - \alpha$ ne soit ni nul ni égal à $\frac{\pi}{2}$, c'est-à-dire que les sections principales de l'analyseur et du polariseur ne soient ni parallèles ni perpendiculaires. Alors $\sin 2\alpha$ et $\sin 2\beta$ ne s'annule pas simultanément; le terme coloré s'annule en changeant de signe soit pour $\sin 2\alpha = 0$, ce qui a lieu quand les valeurs de α sont :

$$0. \qquad \frac{\pi}{2}, \qquad \pi. \qquad \frac{3\pi}{2}.$$

soit $\sin 2\beta = 0$. ce qui a lieu quand les valeurs de β sont :

$$0, \qquad \frac{\pi}{2}, \qquad \pi. \qquad \frac{3\pi}{2}.$$

On a donc huit orientations de la lame pour lesquelles la lumière est incolore et, de part et d'autre de ces orientations. les teintes sont complémentaires.

Si OA et OB (*fig. 97*) représentent les sections principales de l'analyseur et du polariseur, lorsqu'une des directions de vibration de la lame est dirigée suivant OA, OB; OA', OB'; OA$_1$. OB$_1$; OA'$_1$, OB'$_1$. on a de la lumière blanche et, en passant d'un angle dans l'autre, on a alternativement du rose et du vert par exemple.

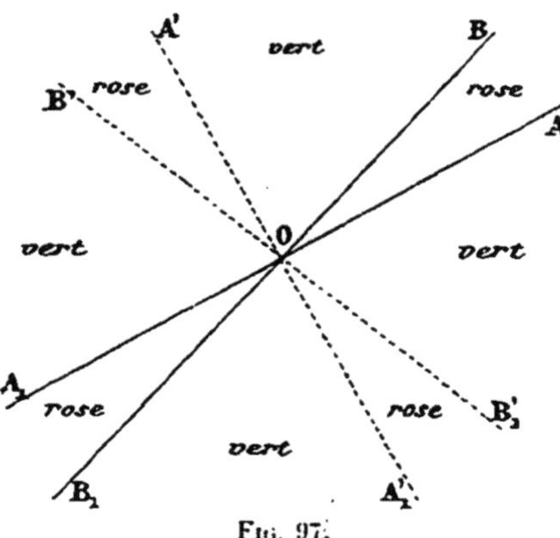

Fig. 97.

Dans le cas particulier où $\alpha = \beta$, c'est-à-dire où les sections principales de l'analyseur et du polariseur sont parallèles, OA est confondu avec OB : les secteurs roses s'annulent ; il y a seulement quatre passages par le blanc et dans les autres orientations l'image est toujours verte. On voit, d'ailleurs, que la formule (5) devient dans ce cas :

$$\frac{I}{I_0} = 1 - \sin^2 2\alpha \sin^2 \pi \delta.$$

Le terme coloré ne change donc pas de signe lorsque $\sin 2\alpha$ s'annule.

Si $\beta = \alpha + \dfrac{\pi}{2}$, c'est-à-dire si le polariseur et l'analyseur ont leurs sections principales rectangulaires. OB coïncide avec OA' : ce sont les secteurs verts qui disparaissent, la teinte est toujours rose et on n'a encore que quatre orientations donnant une teinte incolore. On le voit d'ailleurs facilement sur la formule qui devient dans ce cas :

$$\frac{I}{I_0} = \sin^2 2\alpha \sin^2 \pi\delta.$$

la teinte incolore donnée par $(\sin 2\alpha = 0)$ est noire.

Maximum de coloration. — Cherchons quelles sont les positions à donner à la lame, à l'analyseur et au polariseur, pour avoir les couleurs les plus vives. Il faut d'abord qu'elles ne soient pas mélangées de lumière blanche. Le terme incolore doit donc être nul, ce qui donne $\beta - \alpha = \dfrac{\pi}{2}$, les sections principales de l'analyseur et du polariseur doivent donc être perpendiculaires. c'est-à-dire à l'extinction. avant l'introduction de la lame. On a alors :

$$\frac{I}{I_0} = \sin^2 2\alpha \sin^2 \pi\delta.$$

pour que les couleurs soient aussi vives que possible, il faut que l'intensité soit maximum, ce qui a lieu pour $\sin^2 2\alpha = 1$, c'est-à-dire $\alpha = \dfrac{\pi}{4}$ ou $\dfrac{3\pi}{4}$; il faut donc que la direction de vibration de la lame cristalline soit inclinée à 45° sur les sections principales de l'analyseur et du polariseur.

Influence de la valeur de δ. — Rappelons que l'on a posé :

$$\delta = \frac{e}{\lambda} (n_1 - n_2).$$

Supposons $\delta = 0$, ce qui ne peut avoir lieu que pour $n_1 - n_2 = 0$; ceci se présente lorsque le rayon traverse la lame suivant la direction d'un axe optique : dans ce cas, le terme coloré est toujours nul, et l'on n'a jamais de coloration.

Si δ est très petit, soit parce que l'épaisseur e est très petite, ou que la direction du rayon est très voisine d'un axe optique, on ne peut avoir qu'une coloration très faible.

Prenons, par exemple, une lame de mica très mince, telle, par exemple, que le produit $e\,(n_1 - n_2)$ soit égal à $\frac{1}{4}\,\lambda_j$ (*mica quart d'onde*), λ_j étant la longueur d'onde dans l'air d'une radiation jaune $(0^\mu,5)$. Pour cette radiation, on a donc :

$$\delta = \frac{1}{4} \qquad \text{et} \qquad \sin^2 \pi\delta = \frac{1}{2}.$$

Pour une radiation rouge de longueur d'onde $0^\mu,6$, et pour une radiation violette de longueur d'onde $0^\mu,4$, la valeur de $\sin^2 \pi\delta$ est un peu plus petite et un peu plus grande que $\frac{1}{2}$, mais très voisine de cette valeur. Par suite, les intensités des différentes couleurs sont réduites sensiblement dans les mêmes proportions : on a à la sortie à peu près de la lumière blanche; mais ce n'est pas du blanc très pur: il y a un peu plus de violet que de rouge, ce qui colore légèrement la teinte.

Si la valeur de $e\,(n_1 - n_2)$ devient plus grande, les couleurs deviennent plus vives; nous avons déjà examiné le cas où ce produit est égal à $1^\mu,2$.

Mais si $e\,(n_1 - n_2)$ devient beaucoup plus grand, le phénomême va changer d'aspect. Supposons, par exemple :

$$(n_1 - n_2) e = 24^\mu.$$

Par une radiation rouge $(\lambda = 0^\mu,6)$, on a :

$$\delta = \frac{24}{0,6} = 40.$$

Pour le violet $(\lambda = 0^\mu,4)$ on a :

$$\delta = \frac{24}{0,4} = 60.$$

Pour ces deux radiations $\sin^2 \pi\delta = 0$; ces deux radiations sont donc éteintes : mais, pour des longueurs d'onde intermédiaires, δ prend successivement toutes les valeurs entières comprises entre 40 et 60, et chacune des couleurs correspondant à ces 19 longueurs d'onde est éteinte. Entre deux radiations éteintes, nous avons une radiation pour laquelle $\sin^2 \pi\delta = 1$; chacune de ces radiations a un éclat maximum. Si la lumière incidente est blanche, la lumière émergente est donc formée d'un grand nombre de couleurs simples prises dans toute l'étendue du spectre : pour l'œil. elle paraît blanche; c'est ce qu'on appelle un *blanc d'ordre supérieur*, dont on trouve d'autres exemples dans les phénomènes de diffraction et d'interférence. En recevant cette lumière sur un spectroscope, on voit un spectre traversé par des bandes noires correspondant aux couleurs éteintes : on a un *spectre cannelé*.

3. Compensateur de Babinet. — Nous pouvous observer facilement l'effet de la variation de δ à l'aide du *compen-*

sateur de Babinet ([1]). Il se compose de deux prismes de quartz, ayant pour section droite deux triangles rectangles égaux ABC, CBD dont l'un des angles aigus est très petit (*fig.* 98). Dans le prisme ABC l'axe de quartz est parallèle à AB ; dans le prisme CBD, l'axe du quartz est perpendiculaire au plan de la figure. La disposition est donc la même que celle du prisme de Wollaston et le compensateur de Babinet n'en diffère qu'en ce que l'angle ABC est très

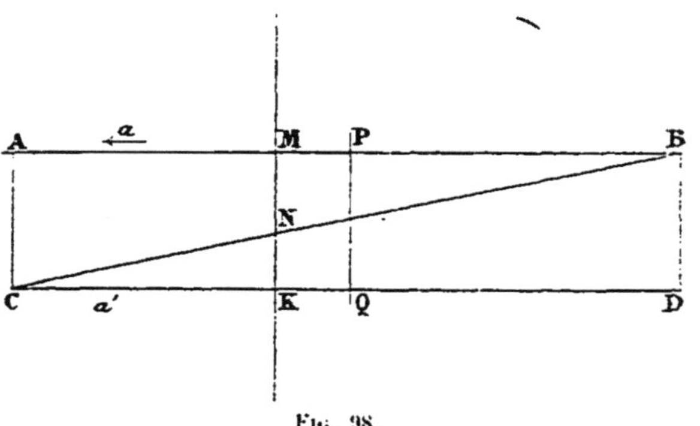

Fig. 98.

aigu : par suite de la petitesse de cet angle, les deux rayons auxquels donne naissance un rayon tombant normalement à la face d'entrée AB sont si voisins qu'ils peuvent être considérés comme confondus. Supposons qu'un rayon polarisé tombe sur cet appareil suivant MNK. En entrant dans le premier prisme, il se décompose en un rayon ordinaire dont l'indice est n_0 et un rayon extraordinaire dont l'indice est n_e. Pour le quartz, on a $n_e > n_0$. Donc, en arrivant au point N, le rayon extraordinaire a, sur le rayon ordinaire, un retard :

$$ e_1 (n_e - n_0), $$

([1]) Babinet. physicien français. né en 1794.

e_1 représentant l'épaisseur MN traversée dans le premier prisme. Mais en pénétrant en N dans le second prisme, le rayon ordinaire sortant du premier, et qui vibre dans un plan perpendiculaire à la figure, devient extraordinaire, puisque son plan de vibration coïncide avec la section principale du second quartz. Inversement, le rayon qui était extraordinaire dans le premier prisme devient ordinaire dans le second. Par conséquent, le rayon qui avait acquis un retard dans le premier prisme va tendre à acquérir, dans le second, une avance

$$e_2 \, (n_e - n_0)$$

e_2 étant l'épaisseur traversée dans le prisme CBD. On aura donc, en somme, une différence de marche :

$$e_1 \, (n_e - n_0) - e_2 \, (n_e - n_0) = (e_1 - e_2) \, (n_e - n_0).$$

La valeur correspondante de δ est :

$$\delta = (e_1 - e_2) \frac{n_e - n_0}{\lambda}.$$

En plaçant le compensateur entre un polariseur et un analyseur, comme δ a la même valeur pour tous les points d'une même ligne perpendiculaire au plan de la figure, et, comme en outre, δ reprend au signe près, la même valeur pour deux points équidistants du milieu à droite et à gauche, on voit des bandes linéaires colorées symétriques par rapport au milieu du compensateur. Ces bandes montrent toute la succession des couleurs qu'on obtient en faisant varier δ.

Si le rayon traverse le compensateur en son milieu, suivant la ligne PQ, e_1 et e_2 sont égaux et, par suite, $\delta = 0$: en ce point tout se passe comme si on avait une lame d'épaisseur nulle; on ne voit sur cette ligne aucune coloration. A une petite distance de PQ, δ a une valeur très faible; on n'aperçoit que des couleurs très peu vives comme celles qui sont données par des lames cristallines très minces; puis, à une distance un peu plus grande, on a des colorations très intenses; mais à une grande distance du centre, δ est très grand et on n'a plus que du blanc d'ordre supérieur. Rappelons que pour observer le phénomène dans les meilleures conditions, c'est-à-dire avec les colorations les plus vives, il faut que l'analyseur et le polariseur aient leur section principale à angle droit, et que les sections principales du prisme soient à 45° sur les sections principales de l'analyseur et du polariseur.

4. Dessins coloriés obtenus par polarisation chromatique. — En collant sur une lame de verre des lames de gypse d'épaisseurs différentes découpées suivant les contours d'un dessin, on obtient un objet qui paraît incolore à la lumière naturelle, mais qui présente des colorations très vives quand on l'examine entre un polariseur et un analyseur placés à l'extinction, deux nicols croisés par exemple. On obtient la couleur que l'on désire en choisissant des lames d'épaisseur convenable. Les axes de toutes les lames de gypse doivent être orientés parallèlement, de façon qu'on puisse placer à la fois toutes les sections principales à 45° sur la direction de vibration du polariseur, afin d'avoir les couleurs les plus vives possibles.

5. Franges de MM. Fizeau et Foucault. — L'analyse

du blanc d'ordre supérieur obtenu dans la polarisation chromatique a été faite, pour la première fois, par MM. Fizeau
et Foucault. Voici comment on peut répéter cette expérience.
Une lame cristalline suffisamment épaisse L (*fg.* 99) est placée entre deux nicols croisés N. N'. On fait tomber sur le
nicol N, un faisceau lumineux : il traverse le nicol N, la
lame L, puis une fente étroite F pratiquée dans l'écran E;
elle tombe ensuite sur le nicol analyseur N', puis traverse

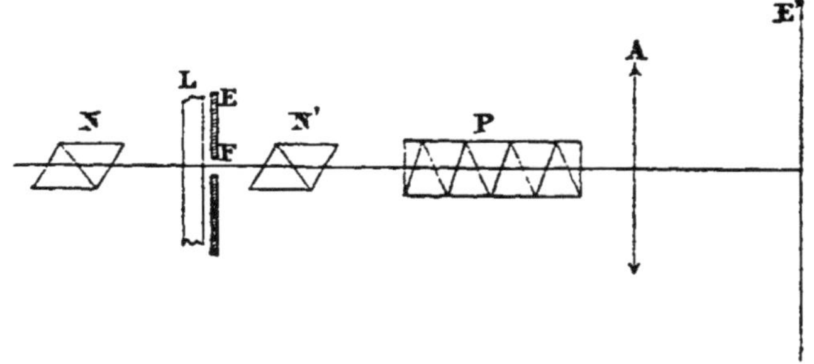

Fig. 99.

un prisme réfringent, par exemple un prisme à vision
directe P, et, enfin, est reçu sur une lentille convergente A
placée de façon à donner sur un écran E' une image réelle
de la fente F. Dans ces conditions on voit sur l'écran E' un
spectre traversé par des bandes noires correspondant aux
couleurs éteintes. On les désigne souvent sous le nom de
franges de Fizeau et Foucault. L'axe de la lame L doit être
à 45° sur la section principale de l'analyseur, pour que les
bandes brillantes qui séparent les bandes noires aient le
maximum d'éclat. La relation (5) devient alors :

$$I = I_0 \sin^2 \pi \delta$$

On obtient les bandes noires pour les valeurs de la longueur d'onde pour lesquelles δ est un nombre entier, et les
bandes présenteront le maximum d'éclat pour les valeurs de
la longueur d'onde. pour lesquelles δ est un nombre entier
plus $\frac{1}{2}$.

Si l'on tourne de 90° l'analyseur (ou le polariseur), de façon
que les sections principales de l'analyseur et du polariseur
soient parallèles. la relation (5) devient :

$$I = I_0 (1 - \sin^2 \pi\delta) = I_0 \cos^2 \pi\delta,$$

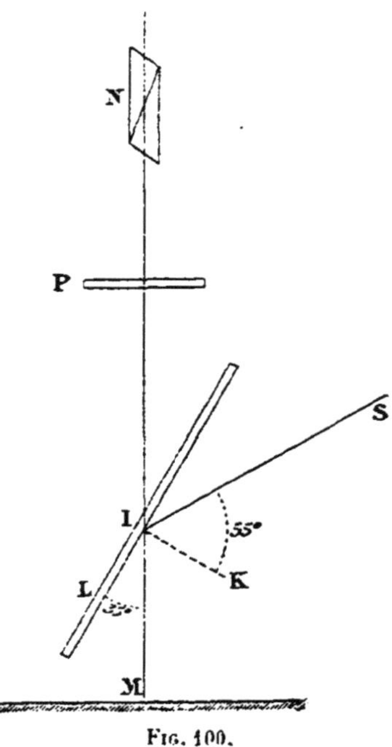

Fig. 100.

La position des bandes
brillantes et obscures est
intervertie, car c'est pour
les valeurs entières de δ
qu'on obtient le maximum
d'éclat, et pour les va-
leurs entières plus $\frac{1}{2}$
qu'on obtient l'obscurité.

6. Appareil de Nor-
remberg. — On peut
observer facilement les
phénomènes de polarisa-
tion chromatique en lu-
mière parallèle à l'aide
d'un appareil de cons-
truction très simple, imaginé par Norremberg.

Le polariseur est une lame de verre à faces parallèles L.
(fig. 100), qui peut s'incliner de façon à faire. avec la verti-

cale, un angle de 35°. On expose l'appareil à la lumière diffuse. Des rayons lumineux, tels que SI, tombent sur la lame,
sous une incidence telle qu'ils sont renvoyés verticalement
suivant IM : en M, ils rencontrent un miroir horizontal,
qui les renvoie suivant leur propre direction jusqu'au point I,
où ils traversent la lame L sans subir de déviation ; ils
tombent ensuite sur la lame cristalline P, que l'on observe à
travers un nicol analyseur N ou un prisme biréfringent.
Les rayons envoyés sur la lame cristalline sont polarisés,
car ils se sont réfléchis sur la lame de verre L sous un
angle SIK $= $ KIM $= 90° — 35° = 55°$, c'est-à-dire sous un
angle égal à l'incidence Brewstérienne.

7. Applications des phénomènes précédents. — *Polariscopes.* — Les phénomènes que nous venons d'étudier four-
nissent un procédé très sensible pour reconnaître si une lumière contient de trés petites quantités de lumière polarisée.

Prenons un analyseur biréfringent, un cristal de spath
par exemple, et joignons-y une lame de mica ayant son axe
à 45° sur la section principale du spath.

Si on reçoit sur la lame de mica une lumière quelconque,
et si l'on regarde à travers le spath, on voit deux images de
la lame de mica. Si la lumière est particllement polarisée, les
deux images présenteront des teintes différentes. Si les deux
images ont constamment la même teinte *pour une orientation
quelconque de l'appareil*, on peut en conclure que la lumière
n'est pas polarisée.

Les appareils qui servent à déceler ainsi la présence de la
lumière polarisée s'appellent des *polariscopes*.

Ainsi, en analysant avec un appareil de ce genre la lumière

diffusée par le ciel bleu, on trouve qu'elle renferme de la lumière polarisée. On trouve de même de la lumière polarisée dans la lumière réfléchie ou réfractée par un corps transparent quelconque, sous une incidence différente de l'incidence normale.

Constatation de la double réfraction. — Les phénomènes de polarisation chromatique permettent aussi de déceler l'existence de la double réfraction, même lorsque les deux rayons réfractés sont très voisins : dans ce cas n_1 et n_2 sont très peu différents, mais on peut toujours, en prenant une lame suffisamment épaisse, donner à δ une valeur assez grande pour obtenir une coloration sensible, quand on place la lame entre deux nicols croisés. On a vu, en effet, que δ est proportionnel à e.

C'est par ce procédé que l'on a pu reconnaître que tous les cristaux, sauf ceux du système cubique, étaient biréfringents.

Double réfraction accidentelle. — Le même procédé permet aussi de montrer que des corps isotropes peuvent devenir biréfringents dans certaines conditions : ainsi, tandis que le verre refroidi très lentement et très régulièrement n'est pas biréfringent, le verre trempé, c'est-à-dire refroidi brusquement, a acquis la double réfraction. Il suffit, en effet, de placer un morceau de verre trempé entre deux nicols croisés pour voir reparaître la lumière ; néanmoins, si on emploie une lame de verre trempé à faces parallèles, l'aspect est tout différent de celui qui est fourni par une lame cristalline : la lame de verre ne paraît pas colorée d'une teinte uniforme :

la coloration varie avec les points de la lame, et l'on voit se dessiner des courbes de formes et de couleurs variées. Cela tient à ce que, dans le verre trempé, contrairement à ce qui a lieu dans un cristal, les propriétés ne sont pas les mêmes aux différents points : par exemple, la direction des axes d'élasticité diffère suivant le point considéré.

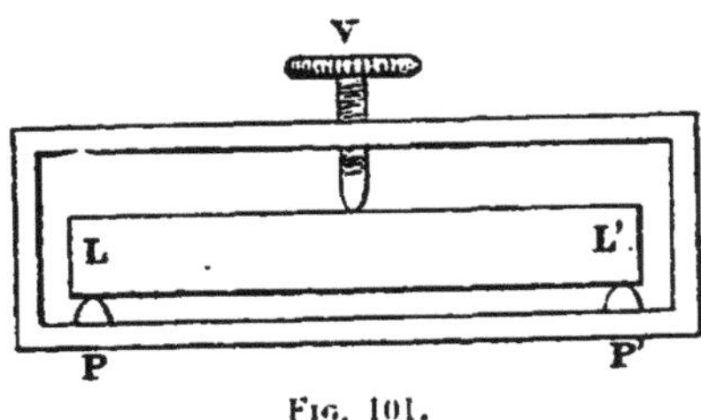

Fig. 101.

Le verre devient aussi biréfringent lorsqu'on le comprime ou qu'on le fléchit. On le montre facilement par le dispositif suivant : une lame de verre LL′ (*fig.* 101) repose, par ses extrémités, sur deux supports PP′. A l'aide d'une vis V, on peut exercer une pression au milieu de la lame, afin de la fléchir. On place la lame entre deux nicols croisés, la vis V étant déserrée ; on constate que la lumière n'est pas rétablie ; mais, aussitôt que l'on serre la vis V, la lumière reparait.

Comme le verre fléchi présente un axe d'élasticité dans la direction de la flexion, il faut mettre cette direction à 45° des sections principales des nicols, pour rendre le phénomène le plus net.

De même, lorsqu'une lame de verre vibre, elle est soumise en certains points à des tractions et des compressions successives et devient momentanément biréfringente; si elle est placée entre deux nicols croisés, la lumière est rétablie en ces points pendant tout le temps de la vibration. L'expérience a été faite pour la première fois par Savart ([1]) et porte son nom.

Fixons une lame de verre par son milieu et faisons-la vibrer longitudinalement: au milieu on a un nœud, et aux extrémités des ventres. Aux nœuds, le mouvement vibratoire est nul mais les tractions et les compressions sont maximum : c'est donc aux points voisins du nœud que le verre devient biréfringent et que la lumière est rétablie. Si on examinait la lame en ces points par une méthode stroboscopique, on verrait des alternatives de monoréfringence et de biréfringence, puisque la lame se trouve tantôt soumise à une compression, tantôt dans son état normal, tantôt soumise à une traction.

On désigne en général les phénomènes que nous venons d'exposer sous le nom de phénomènes *de double réfraction accidentelle*.

8. Cas où la lumière incidente n'est pas normale. — Si la lumière parallèle incidente tombe obliquement sur le cristal (*fig.* 102) les lois du phénomène sont sensiblement les mêmes.

Les ondes planes qui se propagent dans le cristal et qui proviennent d'une même onde plane incidente ne sont pas tout à fait parallèles, mais elles le redeviennent à la sortie; les vibrations ne sont pas non plus rigoureusement rectan-

([1]) Savart, physicien français, né à Mézières en 1791 mort en 1841.

gulaires, car les deux rayons à l'intérieur du cristal ne sont
pas confondus, mais ils sont assez voisins l'un de l'autre
pour que la formule ne soit pas sensiblement modifiée. La

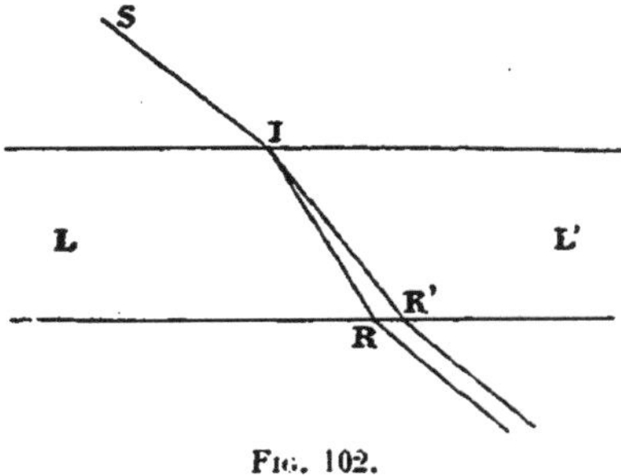

Fig. 102.

relation (5) est donc encore applicable, mais dans l'évalua-
tion de δ qui est égal à

$$\delta = \frac{(n_1 - n_2)e}{\lambda} \cdot$$

il faut évaluer la différence des indices $n_1 - n_2$ et l'épaisseur e
dans la direction où le rayon traverse la lame ; δ varie
donc avec la direction considérée. En particulier, si la
direction du rayon se rapproche d'un axe optique, même
si e augmente, δ diminue et tend vers zéro, car les deux
indices dans la direction d'un axe optique sont égaux.

En inclinant la lame sur la direction des rayons, on change
donc la coloration.

**9. Polarisation chromatique en lumière non paral-
lèle. Dispositifs expérimentaux.** — On a vu qu'une lame
cristalline à faces parallèles, placée entre deux nicols, paraît
colorée uniformément quand tous les rayons qui traversent

la lame sont parallèles entre eux. Le phénomène est tout autre quand on opère avec des rayons polarisés tombant sur la lame dans différentes directions.

Plaçons, par exemple, une lame LL′ (*fig.* 103) entre deux lentilles convergentes O et O′; plaçons de plus, de chaque côté de la lame, un polariseur P et un analyseur Q. Considérons un point A dans le plan focal F de la lentille O. Les rayons

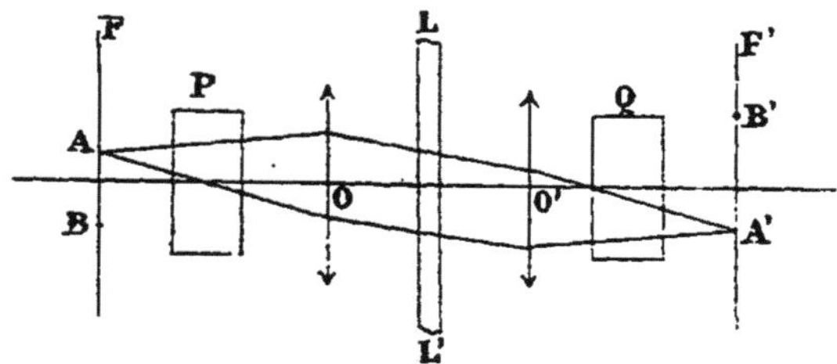

FIG. 103.

issus de A traversent la lentille O, deviennent parallèles, traversent la lame LL′ et sont reçus sur la lentille O′ qui les fait converger en un point A′ de son plan focal F′. Ils ont de plus traversé le polariseur P et l'analyseur Q. Par suite, au point A′, on a en général une certaine coloration correspondant à la direction des rayons parallèles qui traversent la lame.

Un autre point B du plan focal F envoie des rayons qui vont converger en un autre point B′ du plan focal F′ : comme les rayons qui convergent en B′ n'ont pas traversé la lame sous la même incidence que ceux qui convergent en A′, la coloration est généralement différente en B′. On a donc, dans le plan focal F′, des figures colorées, au lieu d'avoir des teintes plates comme dans le cas de la lumière parallèle.

Les phénomènes de polarisation chromatique en lumière non parallèle peuvent s'observer à l'aide d'autres dispositifs que celui que nous venons d'indiquer. Ainsi, on peut employer un appareil très simple, la pince à tourmalines (*fig.* 104). L'analyseur et le polariseur sont constitués par deux lames de tourmaline TT', entre lesquelles on dispose la lame cris-

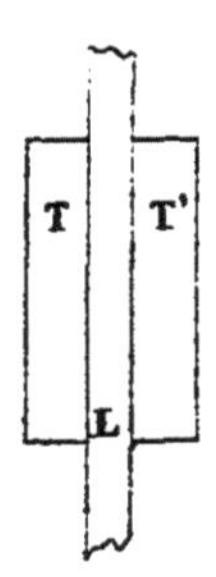

Fig. 104.

talline L. On place l'appareil contre l'œil de façon que la tourmaline T reçoive la lumière diffuse. La lame L est traversée par des rayons lumineux polarisés et tombant dans des directions différentes ; si l'œil est accommodé pour voir à l'infini, les rayons qui ont traversé la lame dans la même direction convergent en un même point de la rétine : les figures colorées se peignent donc sur la rétine. Mais cet appareil très simple a l'inconvénient de n'utiliser que des rayons assez peu inclinés sur la lame ; en outre, la coloration propre donnée pour le passage de la lumière à travers les tourmalines nuit à la beauté du phénomène.

Si l'on veut étudier l'effet produit par des rayons très inclinés, on emploie un autre appareil, *le microscope polari-sant*. Il se compose d'un nicol polariseur P (*fig.* 105), sur lequel un miroir M envoie de la lumière (ou de tout autre polariseur). La lumière polarisée par son passage à travers P tombe sur un système très convergent, formé de deux len-tilles L_1L_1'. La lame cristalline A est traversée par un fais-ceau de rayons tombant sous des incidences très dif-férentes. Un second système optique très convergent aussi, formé de deux lentilles L_2L_2' reçoit les rayons et fait converger en un même point de son plan focal F, ceux qui ont traversé ~~dans~~ la lamelle même direction, C'est dans ce plan focal que se formeraient les figures colorées, si la lumière passait auparavant dans un analyseur ; mais, comme ces figures seraient très petites, on regarde ce plan focal F à l'aide d'un microscope ordinaire K, et l'on place un nicol analyseur A au-dessus de l'oculaire de ce microscope, en ayant soin que l'anneau oculaire soit assez éloigné pour pouvoir placer le nicol entre l'oculaire et lui.

Si l'on veut projeter le phénomène sur un écran, on peut employer le même appareil, mais on supprime l'oculaire O' du microscope, et l'on rapprohe suffisamment l'objectif O du plan

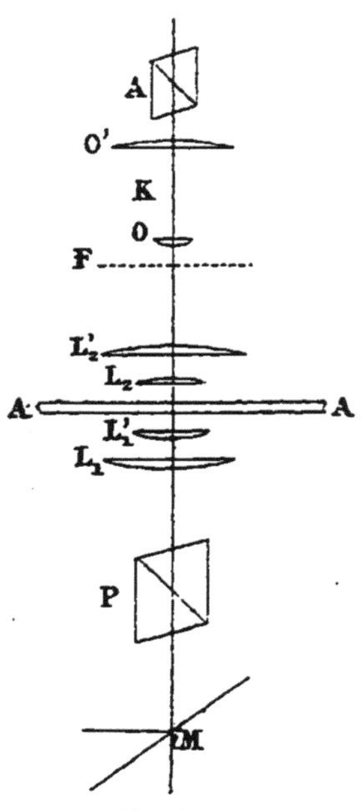

Fig. 105.

focal F. pour que l'image se peigne nettement sur l'écran.

Enfin, dans le cas, au contraire, où le phénomène n'exige que des rayons traversant la lame sous des incidences peu obliques, comme cela a lieu pour une lame de spath à faces perpendiculaires à l'axe et un peu épaisse, on peut pour projeter le phénomène sur un écran, se dispenser de toute lentille de projection. Il suffit de placer la lame cristalline entre deux nicols, et, au moyen des lentilles éclairantes de la lanterne, de former une image de la source lumineuse dans le voisinage de la lame cristalline. Dans ces conditions, les rayons qui éclairent un point de l'écran, vu la grande distance de cet écran à la lame, par rapport à la largeur de la partie éclairée de celle-ci, traversent cette lame dans des directions sensiblement parallèles : mais cette direction change avec le point de l'écran considéré.

10. Théorie du phénomène. — Dans tous les dispositifs que nous venons de décrire, les rayons qui ont traversé la lame cristalline dans la même direction convergent en un même point de l'écran, si on opère par projection, en un même point de la rétine, si on observe directement le phénomène, et y donnent une même coloration.

Pour chaque direction de rayons et, par suite, pour chaque point du plan P ainsi éclairé, l'intensité lumineuse I est donnée par la relation (5) :

$$\frac{I}{I_0} = \cos^2(\beta - \alpha) - \sin 2\alpha \sin 2\beta \sin^2 \pi\delta \qquad (5)$$

En tous les points pour lesquels δ a la même valeur, la coloration est la même, tant que le produit $\sin 2\alpha \sin 2\beta$ conserve le même signe ; lorsque le produit change de signe, après être passée par une valeur nulle, la couleur passe à sa complémentaire, après être passée par une teinte incolore. Quoique sur une des lignes correspondant à une même valeur de δ on puisse trouver une couleur et sa complémentaire, une pareille ligne porte le nom de *ligne isochromatique*. En tous les points pour lesquels le produit $\sin 2\alpha \sin 2\beta$ est nul ($\sin 2\alpha = 0$, ou $\sin 2\beta = 0$), la teinte est incolore ; ces points forment des lignes coupant les lignes isochromatiques et appelées *lignes neutres*.

Nous allons donner quelques indications générales sur les

lignes neutres et les lignes isochromatiques, en examinant plus particulièrement ce qui se passe autour du point A du plan P, où viennent converger les rayons qui ont traversé le cristal dans la direction d'un axe optique soit pour un cristal uniaxe, soit pour un cristal biaxe, auquel cas il pourra y avoir dans le plan P deux points tels que A.

11. Lignes neutres. — Nous allons, pour l'étude des lignes neutres, distinguer deux cas, celui des cristaux uniaxes, et celui des cristaux biaxes.

1° *Cristaux uniaxes.* — Supposons d'abord que la section principale de l'analyseur ne soit ni parallèle, ni perpendiculaire au plan de polarisation de la lumière incidente, c'est-à-dire que $\sin 2\alpha$ soit différent de $\pm \sin 2\beta$, nous aurons alors deux genres de lignes neutres, les unes correspondant à $\sin 2\alpha = 0$, les autres, à $\sin 2\beta = 0$. Occupons-nous d'abord des premières.

Rappellons que α est l'angle du plan de vibration de la lumière incidente avec l'une des deux directions de vibration du rayon qui traverse le cristal et qui aboutit sur le plan P, au point M considéré, par exemple, avec la direction de vibration qui correspond au rayon extraordinaire qui suit cette direction. D'autre part, nous avons vu que la direction de vibration du rayon extraordinaire est dans le plan qui passe par la direction du rayon considéré dans le cristal et par la direction de l'axe ; si A est le point du plan P où aboutissent les rayons qui ont traversé le cristal dans la direction de l'axe optique, la ligne MA représente la direction de la vibration, au sortir du cristal, du rayon qui aboutit en M. Si donc nous considérons une circonférence décrite dans le plan P et ayant A pour centre, deux points M_1 diamétralement opposés de cette circonférence sont tels que la droite M_1A est parallèle au plan de polarisation de la lumière incidente, et pour ces points on a sin $2\alpha = o$, ils appartiennent à une ligne neutre. Sur cette même circonférence, deux autres points M_2, diamétralement opposés aussi et situés à 90° des points M_1 si l'axe du cristal est perpendiculaire au plan P. mais en tout cas éloignés des points M_1. sont tels que la direction M_2A est perpendiculaire au plan de polarisation de la lumière incidente ; pour ces points, on a encore sin $2\alpha = o$: ils appartiennent à une autre ligne neutre. Comme sur chaque circonférence ayant A pour centre, on trouve toujours deux points tels que M_1, l'ensemble de ces points forme une ligne neutre passant par A ; comme on trouve aussi sur chacune de ces circonférences deux points tels que M_2. l'ensemble de ces points forme une autre ligne neutre passant encore par A, et coupant la première à angle droit, si l'axe du cristal est perpendiculaire au plan P, et, en tout cas, coupant la première sous un angle voisin d'un angle droit. L'ensemble des deux lignes neutres forme donc une croix.

Les lignes neutres correspondant à sin $2\beta = o$ forment, pour la même raison, une autre croix, ayant pour centre, comme la précédente, la trace A de l'axe optique sur le plan P ; l'angle des branches de ces deux croix est égal à $\alpha - \beta$, si l'axe optique est perpendiculaire au plan P, et, en tout cas, cet angle s'annule avec $\alpha - \beta$.

Si maintenant la section principale de l'analyseur est parallèle au plan de vibration de la lumière incidente, on a $\alpha = \beta$, et les deux croix se confondent en une seule. qui est blanche, d'après la relation (5). Si, au contraire la section principale de l'analyseur est perpendiculaire au plan de vibration de la lumière incidente on a :

$$\alpha = \beta + \frac{\pi}{2} \qquad \text{et} \qquad \sin 2\alpha = -\sin 2\beta.$$

Dans ce cas encore, les deux croix se confondent en une seule, mais celle-ci est noire, en vertu de la relation (5).

Dans ces deux cas particuliers, une ligne isochromatique en traversant une des branches de la croix ne change pas de couleur. Si, au contraire, les deux croix sont distinctes, une ligne isochromatique passe à la couleur complémentaire en traversant une branche d'une des croix.

Cristaux biaxes. — Considérons d'abord, comme dans le cas précédent, la ligne neutre donnée par $\sin 2\alpha = 0$. Rappelons que l'une des deux directions de vibration dans le cristal pour un rayon qui aboutit en un point M du plan P est dans le plan bissecteur du dièdre constitué par les plans passant par la direction de ce rayon et par l'un des deux axes de réfraction conique extérieure, qu'on peut, sans grande erreur, confondre ici avec les axes optiques. L'angle α est donc l'angle d'un des deux plans bissecteurs, que nous appellerons le plan B, avec le plan de vibration de la lumière incidente.

Supposons maintenant que, dans le plan P, le point M décrive une circonférence ayant A pour centre : tandis que la ligne AM tourne de 360°, le plan bissecteur B tourne seulement de 180°. Il en résulte qu'il n'y a qu'une seule position M_1 du point M pour laquelle le plan B est parallèle au plan de vibration de la lumière incidente, c'est-à-dire pour laquelle on a $\alpha = 0$, et une seule position M_2 du point M pour laquelle le plan B est perpendiculaire au plan de vibration de la lumière incidente, c'est-à-dire pour laquelle on a $\alpha = \frac{\pi}{2}$. Il en résulte que, sur une circonférence décrite autour de A comme centre, on ne trouve que deux points $M_1 M_2$ appartenant à une ligne neutre donnée par $\sin 2\alpha = 0$. Comme sur chacune de ces circonférences il en est de même, et, comme pour une circonférence d'un rayon infiniment petit, M_1 et M_2 sont diamétralement opposés, l'ensemble des points M_1 et M_2 forme une *seule ligne neutre* passant par la trace A de l'axe optique.

Pour la même raison, la relation $\sin 2\beta = 0$ fournit une seconde ligne neutre passant par A.

Les deux lignes neutres forment un angle égal à $\alpha - \beta$, quand l'axe optique considéré est perpendiculaire au plan P ; dans tous les cas, cet angle s'annule avec $\alpha - \beta$.

Quand la section principale de l'analyseur est parallèle au plan de vibration de la lumière incidente, on a $\alpha = \beta$, et les deux lignes neutres se confondent en une seule, qui est blanche, d'après la relation (5). Si, au contraire, la section principale de l'analyseur est perpendiculaire au plan de vibration de la lumière incidente, on a :

$$\alpha = \beta + \frac{\pi}{2} \qquad \text{et} \qquad \sin 2\alpha = -\sin 2\beta,$$

et les deux lignes neutres se confondent encore en une seule, mais qui est noire, en vertu de la relation (5).

Dans ces deux cas particuliers, une ligne isochromatique ne change pas de couleur en traversant la ligne neutre. Si, au contraire, les deux lignes neutres sont distinctes, la ligne isochromatique passe à la couleur complémentaire en traversant une ligne neutre.

12. Lignes isochromatiques. — La question de la forme des lignes isochromatiques se traite assez facilement, dans le cas général, par la considération de la *surface isochromatique* dont l'idée est due à Bertin ([1]) (voir note B). Nous nous bornerons ici à quelques considérations générales qui suffisent, du reste, pour se rendre compte de l'aspect du phénomène, en examinant plus particulièrement ce qui se passe près de la trace A d'un axe optique.

Supposons d'abord que la lumière employée soit monochromatique, et examinons en premier lieu le cas où la section principale de l'analyseur est perpendiculaire au plan de vibration de la lumière incidente $\left(\alpha = \beta + \frac{\pi}{2}\right)$, auquel cas la relation (5) se réduit à

$$\frac{I}{I_0} = \sin^2 2\alpha \sin^2 \pi\delta.$$

Pour les rayons qui ont traversé le cristal dans la direction d'un axe optique et qui aboutissent au point A, δ est nul et, par conséquent, l'intensité I est nulle : en A il y a du noir ; mais, en s'écartant du point A, δ augmente dans toutes les directions ; aussi ces lignes isochromatiques, au moins pour les valeurs de δ ne dépassant pas quelques unités, sont-elles des courbes fermées autour du point A. Dans le cas des cristaux biaxes, si les traces A_1 et A_2 des deux axes sont

([1]) Pierre-Augustin BERTIN-MAIROT, physicien français, né à Besançon, le 13 février 1818, mort le 20 août 1884.

dans le plan P, les courbes isochromatiques, correspondant aux valeurs de δ ne dépassant pas quelques unités, sont des courbes fermées autour de A_1 ou autour de A_2 et les courbes isochromatiques correspondant à des valeurs plus grandes de δ sont des courbes fermées autour de l'ensemble des deux points A_1 ou A_2 (*fig.* 106). On a donc en lumière monochromatique des courbes alternativement brillantes et obscures, les courbes obscures correspondant au valeurs entières de δ et les courbes de maximum d'intensité a $\delta = \dfrac{2k+1}{2}$, k désignant un nombre entier quelconque.

Si maintenant la section principale de l'analyseur, au lieu d'être perpendiculaire au plan de polarisation de la lumière incidente, lui est parallèle ($\alpha = \beta$), les courbes obscures prennent la place des courbes d'intensité maxima et *vice versa*, puisque la relation (5) donne

$$\frac{I}{I_0} = 1 - \sin^2 2\alpha \, \sin^2 \pi\delta$$

mais les courbes obscures ne sont tout à fait noires qu'aux points du plan P pour lesquels $\sin^2 2\alpha = 1$, et la lumière est d'autant plus forte sur les lignes obscures que $\sin^2 2\alpha$ est plus voisin de zéro, c'est-à-dire qu'on ne se rapproche plus des lignes neutres.

Enfin, dans le cas général où la section principale de l'analyseur fait un angle quelconque avec le plan de vibration de la lumière incidente, les lignes isochromatiques conservent la même position, bien entendu; comme dans les cas précédents elles s'effacent dans le voisinage d'une ligne neutre, et en traversant celle-ci, une ligne sombre se transforme en une ligne brillante.

Comme on a :

$$\delta = \frac{(n_1 - n_2)\,e}{\lambda}$$

pour avoir une même valeur de δ, il faut que $(n_1 - n_2)\,e$ soit d'autant plus grand que λ est lui-même plus grand ; il faut donc s'écarter d'autant plus du point A que λ est plus considérable : les lignes isochromatiques sont d'autant plus écartées que la longueur d'onde est plus grande : elles sont plus écartées pour le rouge que pour le violet.

Si l'on emploie de la lumière blanche, on a la superposition des colorations produites avec les diverses lumières mono-chromatiques qui composent la lumière blanche.

Considérons d'abord le cas où la dispersion des axes optiques est nulle, comme dans le cas des cristaux uniaxes, ou négligeable comme dans beaucoup de cristaux biaxes. Au point A, toutes les couleurs étant superposées on a une teinte incolore ; en s'écartant de A, le premier anneau brillant étant à peu près à la même position pour les diverses couleurs du spectre, on a un anneau blanc bordé pourtant de bleu et de violet à l'intérieur, de jaune et de rouge à l'extérieur. Si l'on remarque que, dans le cas de $\alpha = \beta + \frac{\pi}{2}$ déjà le premier anneau obscur pour le rouge ($\lambda = 0^\mu,6$) occupe à peu près la même position que le second anneau brillant pour le violet ($\lambda = 0^\mu,4$). on voit qu'il n'y aura plus au delà d'anneaux tout à fait noirs, mais que les anneaux de même ordre, pour les différentes couleurs, étant de moins en moins superposés à mesure qu'on s'écarte de A. on aura des anneaux irisés. Les premiers présentent le violet en dedans et le rouge à l'extérieur, à une certaine distance de A, les anneaux brillants et obscurs de couleurs voisines dans le spectre se trouvant superposés, on obtient des anneaux alternativement roses et verts, dont la teinte va en pâlissant de plus en plus à mesure qu'on s'écarte de A jusqu'au blanc, qui est un blanc d'ordre supérieur.

Supposons maintenant qu'il y ait une notable dispersion des axes. Alors les points A pour les différentes couleurs ne sont plus superposés ; ni les premiers anneaux, ni les lignes neutres ne le sont par conséquent, et tout le plan P est coloré au moins dans le voisinage de la trace A des axes. Pourtant, cette trace des axes est toujours nettement reconnaissable par la forme encore fermée des lignes colorées qui l'entourent. Les lignes neutres se distinguent aussi aisément ; par exemple, si la section principale de l'analyseur est perpendiculaire au plan de vibration de la lumière incidente, elles apparaissent sous forme de bandes sombres, irisées sur les bords.

Cristal uniaxe taillé perpendiculairement à l'axe. — Dans le cas d'un cristal uniaxe taillé de façon que les faces parallèles d'entrée et de sortie soient perpendiculaires à l'axe et disposées de manière que le plan P soit aussi perpendiculaire à cet axe, les lignes isochromatiques sont, par raison de symétrie, des cercles concentriques ayant la trace de l'axe A pour centre.

En désignant par n_o et n_e les indices ordinaires et extraordinaires du cristal, la quantité $n_1 - n_2$ qui figure dans l'expression qui donne δ

$$\delta = \frac{(n_1 - n_2)\, e}{\lambda}$$

est fournie par la relation :

$$n_1 - n_2 = \frac{n_0^2 - n_2^2}{2n_0} \sin^2 \alpha \, (^1)$$

en désignant par α l'angle que fait dans le cristal le rayon considéré avec l'axe.

Il en résulte que, pour les rayons peu inclinés sur l'axe, comme $\sin^2 \alpha$ peut se confondre avec α^2, et comme le diamètre des anneaux est proportionnel à α, les carrés des diamètres des anneaux successifs sont proportionnels à $\frac{\lambda\delta}{e}$; comme e est sensiblement constant, on voit que les carrés des diamètres des anneaux sont proportionnels à δ. Or, dans le cas où la section principale de l'analyseur est perpendiculaire au plan de polarisation de la lumière incidente, comme les anneaux obscurs successifs sont donnés par les valeurs entières successives de δ, il en résulte donc que les *carrés des diamètres des anneaux obscurs successifs sont proportionnels à leur numéro d'ordre à partir du centre A*. Ces anneaux sont donc, comme les anneaux de Newton, d'autant plus serrés que leur diamètre est plus grand (*fig.* 107).

13. Distinction des cristaux uniaxes et biaxes. —

Les phénomènes que nous venons d'étudier donnent un moyen bien simple de distinguer les cristaux uniaxes des cristaux biaxes.

Nous avons vu comment, sur le plan P, on reconnaissait la

---

(1) Cette relation s'établit aisément en considérant la forme de la surface de l'onde (sphère et ellipsoïde tangents, et en faisant l'approximation très légitime de remplacer $n_1 + n_2$ par $2n_0$.

trace A d'un axe optique par la forme fermée des lignes isochromatiques qui l'entourent. Suivant que les lignes neutres affectent ou non la forme d'une croix *ayant pour centre la trace de l'axe*, le cristal est uniaxe ou biaxe. Du reste, dans ce dernier cas. souvent le cristal est taillé de façon qu'on puisse voir la trace des deux axes optiques dans le plan P *fig.* 106).

Il est commode. dans cet examen, de rendre la section principale de l'analyseur perpendiculaire au plan de vibrations de la lumière incidente, de façon à faire correspondre les deux lignes neutres en une seule, qui est noire. C'est, du reste. dans ces conditions que le phénomène est le plus brillant.

CHAPITRE VII

POLARISATION ELLIPTIQUE ET CIRCULAIRE

1. Composition de deux vibrations rectangulaires présentant une différence de phase. — Nous avons vu qu'une onde plane polarisée tombant normalement sur une lame cristaline se dédouble, en général, en deux ondes planes

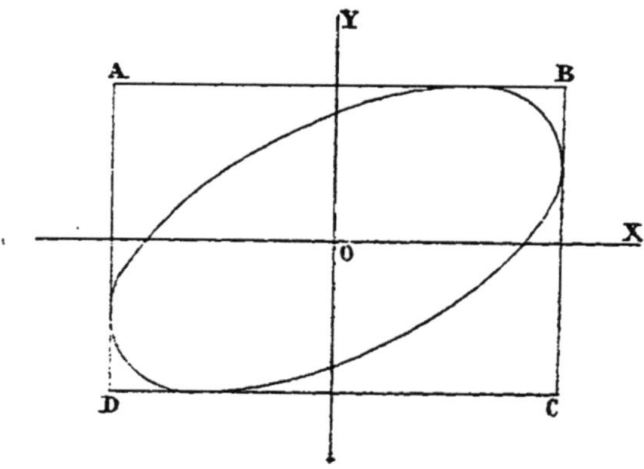

Fig. 108.

parallèles ayant leurs vibrations rectangulaires ; désignons par OX et OY les directions de ces vibrations (*fig.* 108). Une particule d'éther vibrerait, suivant OX, si une des ondes existait seule ; suivant OY, si l'autre onde existait seule. Quand elle

existent toutes les deux simultanément, la particule d'éther
ne pouvant vibrer à la fois suivant OX et suivant OY, doit
avoir un mouvement plus complexe que nous allons étudier.

Si la première onde existait seule, en choississant convenablement l'origine du temps, l'élongation de la particule
d'éther suivant OX serait représentée par

$$x = \mathrm{A}\ \cos 2\pi\ \frac{t}{\mathrm{T}} \tag{1}$$

et, par conséquent, la force X, dirigée suivant OX, qui agirait sur cette particule de masse m, serait donnée par

$$X = m\ \frac{d^2x}{dt^2} \tag{2}$$

Si, au contraire, l'autre onde existait seule, au même point
du cristal ou de l'espace que l'onde parcourt, après avoir traversé le cristal, et pour le même temps t, le mouvement
vibratoire, suivant OY, aurait son élongation donnée par

$$y = \mathrm{B}\ \cos 2\pi \left(\frac{t}{\mathrm{T}} - \delta \right) \tag{3}$$

δ représentant une différence de phase provenant, comme
nous le savons, de ce que les deux ondes ne traversent pas
le cristal avec la même vitesse ; par conséquent, la force Y
dirigée suivant OY qui agirait sur la même particule d'éther
serait donnée par

$$Y = m\ \frac{d^2y}{dt^2} \tag{4}$$

Si maintenant ces deux ondes se propagent simultanément,
la particule d'éther considérée est soumise, d'après le prin-

cipe de la superposition des élasticités dans les petits mouvements (voir note A), à une force F résultante de X et Y, c'est-à-dire ayant précisément pour projection sur OX et OY les forces X et Y. En vertu d'un théorème de mécanique bien connu, le mouvement de la particule d'éther M, sous l'influence de cette force, est tel que la projection du mobile M sur OX ou OY est la position d'un mobile de même masse m en mouvement suivant l'axe OX ou OY considéré sous l'influence de la projection X ou Y de cette force F sur cet axe, c'est-à-dire que les positions de ces projections de M sur chacun des axes ont précisément les élongations x et y données par les relations (1) et (3).

Ainsi ces relations donnent à chaque instant t l'abscisse x et l'ordonnée y de la position du point mobile M. Si donc nous voulons avoir la trajectoire décrite par la particule d'éther M, il suffit d'éliminer t entre les relations (1) et (3). On obtient alors l'équation :

$$\frac{x^2}{A^2} + \frac{y^2}{B^2} - \frac{2xy}{AB} \cos 2\pi\delta = \sin^2 2\pi\delta \qquad (5)$$

C'est l'équation d'une conique, qui étant évidemment une courbe fermée, d'après la nature du problème, ne peut être qu'une ellipse dans le cas général.

Ainsi le résultat de la composition de deux vibrations rectangulaires de même période, présentant une différence de phase, est que la particule d'éther a un mouvement suivant une ellipse ; d'où le nom de *polarisation elliptique* donné à cet état vibratoire de l'éther.

C'est l'état que présente l'éther quand une onde incidente polarisée rectilignement tombe sur un cristal, soit dans l'in-

térieur du cristal, soit dans l'air à sa sortie. D'autres phénomènes (réflexion métallique, réflexion totale à la surface des
corps transparents même isotropes), donnent lieu aussi à la
polarisation elliptique. Il convient donc d'étudier ce phénomène.

2. Différentes formes de l'ellipse. — La trajectoire
elliptique affecte des formes différentes suivant la valeur de δ.
Mais, quelle que soit la forme, il est à remarquer que l'ellipse est inscrite dans un rectangle ABCD (*fig.* 108), ayant
ses côtés parallèles à OX et OY, et de longueurs respectivement égales à 2A et 2B, puisque les maximum de x et y sont
respectivement $+$ A et $+$ B, et leur minimum $-$ A et $-$ B,
d'après (1) et (3).

Remarquons maintenant que si δ augmente d'un nombre
entier quelconque, $\cos 2\pi\delta$ et $\cos 2\pi \left(\dfrac{t}{T}-\delta\right)$ reprenant la
même valeur, on obtient, d'après (1) (3) et (5), la même
ellipse décrite dans le même sens. Il suffit donc d'examiner
les diverses formes de l'ellipse pour δ, variant entre 0 et 1.

Pour $\delta = $ o la relation (5) donne :

$$\left(\frac{x}{A} - \frac{y}{B}\right)^{2} = 0$$

c'est-à-dire que l'ellipse est aplatie suivant la diagonale du
rectangle ABCD (*fig.* 109). La polarisation, dans ce cas, est
donc rectiligne, et il en sera de même pour toutes les valeurs
entières de δ.

Pour δ compris entre 0 et $\dfrac{1}{4}$, l'ellipse présente une forme
analogue à celle indiquée par la figure 110. Les relations (1)
et (3) montrent que le sens de la rotation de la particule

vibrante est celui indiqué par les flèches; c'est le sens
inverse de celui du mouvement des aiguilles d'une montre.
Pour un observateur qui recevrait le rayon, la rotation
s'effectuerait de droite à gauche, en passant par le haut.
Pourabréger, quand la particule tournera dans ce sens, nous
dirons qu'elle tourne à *gauche*; et nous dirons qu'elle tourne

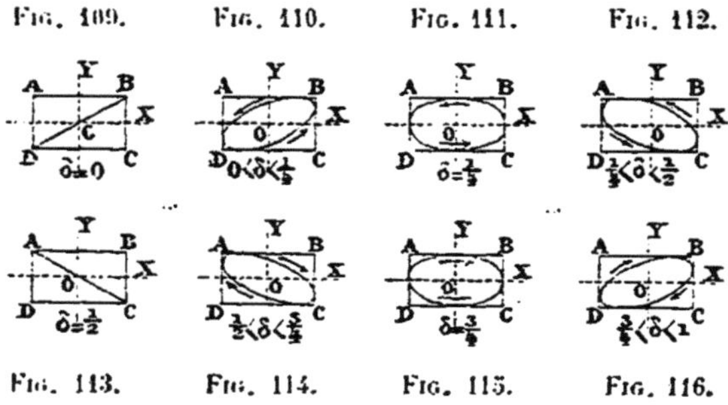

à *droite* quand elle tournera en sens inverse, c'est-à-dire
dans le sens du mouvement des aiguilles d'une montre.

Pour $\delta = \frac{1}{4}$, l'équation (5) devient:

$$\frac{x^2}{A^2} + \frac{y^2}{B^2} = 1$$

c'est l'équation d'une ellipse rapportée à ses axes OX et OY
(*fig.* 111), la rotation étant toujours à gauche.

Pour δ compris entre $\frac{1}{4}$ et $\frac{1}{2}$, l'ellipse affecte une forme
analogue à celle représentée figure 112, la rotation conti-
nuant à être à gauche.

Pour $\delta = \frac{1}{2}$, l'équation de l'ellipse devient:

$$\left(\frac{x}{A} + \frac{y}{B}\right)^2 = 0 ;$$

l'ellipse est aplatie suivant l'autre diagonale du rectangle ABCD (*fig.* 113). Ainsi pour $\delta = \frac{1}{2}$ la polarisation est de nouveau rectiligne, et il en est de même pour $\delta = \frac{2k+1}{2}$, k étant un entier quelconque ; mais le sens de la vibration rectiligne est différent du sens pour δ nombre entier.

Quand δ augmente à partir de la valeur $\frac{1}{2}$ jusqu'à la valeur 1, on obtient des ellipses tournant à droite d'après les relations (1) et (3), et représentées par les figures 114, 115 et 116. En particulier pour $\delta = \frac{3}{4}$, l'ellipse est rapportée à ses axes.

Enfin, pour $\delta = 1$, l'ellipse s'aplatit sous la forme d'une droite comme pour $\delta = o$ (*fig.* 109).

3. Polarisation circulaire.

— Dans le cas où l'amplitude des vibrations composantes est la même, $A = B$ et où

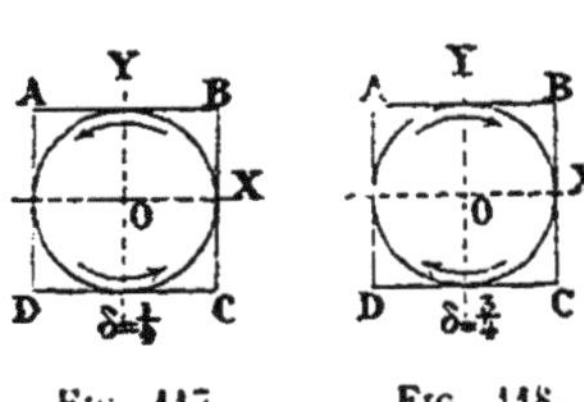

Fig. 117.   Fig. 118.

l'on a soit $\delta = \frac{1}{4}$, soit $\delta = \frac{3}{4}$, la discussion précédente montre que l'ellipse a ses deux axes égaux ; elle se transforme donc en un cercle ; ce mode de polarisation, qui est un cas particulier de la polarisation elliptique, de même, du reste, que la polarisation rectiligne, est appelée *polarisation circulaire*.

Pour $\delta = \frac{1}{4}$, on a un *rayon circulaire gauche* (*fig.* 117), pour $\delta = \frac{3}{4}$, un *rayon circulaire droit* (*fig.* 118).

4. Décomposition d'un rayon elliptique ou circulaire. — Remarquons qu'une même ellipse (forme, orientation, sens du mouvement) d'un rayon polarisé elliptiquement, peut être obtenue par la composition de deux mouvements vibratoires rectilignes rectangulaires entre eux *orientés dans une direction quelconque*, la différence de marche δ variant suivant l'orientation des vibrations composantes (¹).

On peut donc considérer une vibration elliptique comme résultant de la composition de deux vibrations rectilignes rectangulaires de direction quelconque, mais de différence de phase δ déterminée, c'est-à-dire *décomposer* la vibration elliptique suivant deux vibrations rectilignes rectangulaires.

Dans le cas particulier des vibrations circulaires, la différence de phase δ des deux vibrations rectilignes rectangulaires composantes est toujours $\frac{1}{4}$ pour un circulaire gauche, $\frac{3}{4}$ pour un circulaire droit, quelle que soit l'orientation choisie pour les composantes rectilignes.

Il est souvent plus commode de considérer, au lieu de la vibration elliptique résultante, les deux vibrations rectilignes

____

(¹) Si par rapport aux deux directions rectangulaires choisies prises comme axes de coordonnées, l'équation de l'ellipse est

$$Px^2 + Qy^2 + 2Rxy = 1$$

l'identification de cette équation et de l'équation (5) donne la relation :

$$\cos 2\pi\delta = - \frac{R}{\sqrt{PQ}}$$

δ étant compris entre o et $\frac{1}{2}$ si la rotation est à gauche et entre $\frac{1}{2}$ et 1 si la rotation est à droite.

composantes. C'est ce que nous avons fait au chapitre précédent en traitant de la polarisation chromatique.

5. Étude expérimentale d'un rayon polarisé elliptiquement ou circulairement. — Si on fait tomber sur un analyseur, que nous supposerons d'abord monoréfringent pour plus de simplicité, un rayon polarisé elliptiquement, il se produira le phénomène étudié au chapitre précédent. Il suffit de remarquer que les élongations composantes, désignées dans le chapitre actuel par A et B, sont respectivement égales à

$$-\frac{T}{2\pi}\, a \cos \alpha \qquad \text{et} \qquad -\frac{T}{2\pi}\, a \sin \alpha$$

en employant les notations du chapitre précédent. Par conséquent, l'intensité I obtenue après le passage de la lumière à travers l'analyseur est donnée par la relation (5) du chapitre précédent. En y faisant la substitution que nous venons d'indiquer, il vient :

$$\frac{I}{I_0} = \frac{(A \cos \beta + B \sin \beta)^2 - 2AB \sin 2\beta \sin^2 \pi\delta}{A^2 + B^2}$$

$$= \frac{A^2 \cos^2 \beta + B^2 \sin^2 \beta + AB \sin 2\beta \cos 2\pi\delta}{A^2 + B^2} \qquad (6)$$

Si l'on fait varier l'angle β que fait la section principale de l'analyseur avec l'axe OX, l'intensité I varie, en général. L'intensité passe par un maximum et par un minimum pour les deux valeurs de β que nous appellerons β_1 données par la relation :

$$\operatorname{tg} 2\beta_1 = \frac{2AB \cos 2\pi\delta}{A^2 - B^2}.$$

Ces deux directions sont précisément les directions des axes de l'ellipse.

En considérant la vibration elliptique comme décomposée en deux vibrations rectilignes dirigées suivant les axes de l'ellipse, on voit tout de suite que les intensités maxima et minima qu'on obtient, comme nous venons de le dire, en plaçant la section principale de l'analyseur dans les directions de chacun de ces axes, sont respectivement proportionnelles aux carrés de la longueur de ceux-ci.

Ainsi, en tournant l'analyseur, l'intensité ne devient jamais nulle, si la polarisation elliptique ne se réduit pas au cas particulier de la polarisation rectiligne.

Si l'on avait affaire à la polarisation circulaire, comme $A = B$ et $\cos 2\pi\delta = 0$. on aurait constamment $\dfrac{I}{I_0} = \dfrac{1}{2}$, quel que soit l'angle β.

Ces propriétés pourraient faire confondre la lumière polarisée circulairement avec de la lumière naturelle, et la lumière polarisée elliptiquement avec un mélange de lumière naturelle et de lumière polarisée rectilignement (*lumière partiellement polarisée*). Nous verrons un peu plus loin comment on peut les distinguer.

Si, au lieu d'un analyseur monoréfringent, on se sert d'un analyseur biréfringent, les deux images n'ont pas, en général, la même intensité, car l'intensité I de l'image extraordinaire étant donnée par la relation (6), l'intensité I' de l'image ordinaire s'obtient, comme nous le savons, en remplaçant dans cette relation β par $\beta + \dfrac{\pi}{2}$, ce qui donne :

$$\frac{I'}{I_0} = \frac{(A \sin \beta - B \cos \beta)^2 + 2AB \sin 2\beta \sin^2 \pi\delta}{A^2 + B^2} \qquad (7)$$

Cherchons les valeurs de l'angle β qui rendent égales les intensités I et I' des deux images.

En égalant les seconds membres des relations (6) et (7), on obtient pour ces valeurs désignées par β_2 la relation :

$$\cot 2\beta_2 = -\frac{2AB\cos 2\pi\delta}{A^2 - B^2}.$$

On a donc :

$$\cot 2\beta_2 = -\tan 2\beta_1$$

ou

$$\tan 2\left(\beta_2 - \frac{\pi}{4}\right) = \tan 2\beta_1$$

ou, enfin.

$$\beta_2 = \beta_1 \pm \frac{\pi}{4}.$$

Comme β_1 est l'angle avec la direction OX d'un des axes de l'ellipse, on voit que les deux directions qui donnent l'égalité d'intensité de l'image ordinaire et de l'image extraordinaire sont celles pour lesquelles la section principale de l'analyseur est bissectrice de l'angle des axes de l'ellipse.

Cette propriété permet de déterminer très exactement la direction des axes. On peut, en limitant l'espace regardé à travers l'analyseur par un écran percé d'une ouverture rectangulaire de dimension convenable, faire en sorte que les deux images de cette ouverture données par l'analyseur soient, quand il est dans la position voulue, juxtaposées sans empiéter l'une sur l'autre, comme les deux plaques éclairées d'un photomètre de Foucault. On peut ainsi juger facilement de l'égalité d'intensité des deux images ; cette égalité obtenue les axes de l'ellipse sont à 45° de la section principale de l'analyseur. Ce procédé est beaucoup plus précis que celui

qui consiste à déterminer la direction des axes, en cherchant
la position de l'analyseur qui donne une intensité maximum
ou minimum.

La direction des axes étant connue, pour achever de connaître les éléments de la polarisation elliptique, il faut déterminer le rapport des deux axes de l'ellipse et le sens de la
rotation de la particule vibrante. On y arrive aisément de
la manière suivante : considérons la vibration elliptique
décomposée en deux vibrations rectilignes rectangulaires, dirigées suivant les axes connus de l'ellipse ; les deux vibrations rectilignes présentant une différence de marche δ égale
à $\frac{1}{4}$. Faisons tomber ce rayon normalement sur une *lame de
mica quart d'onde*, c'est à dire sur une lame de mica d'épais-

(¹) Il est facile de construire une lame de mica quart d'onde. Le
mica contient dans son plan de clivage l'axe de plus petite élasticité et
l'axe de moyenne élasticité. Ce sont les deux directions désignés par
oz et oy dans le texte. En prenant d'abord une lame assez épaisse on
peut, par polarisation chromatique en lumière convergente, distinguer l'axe de plus petite élasticité oz (*axe du mica*) ; c'est celui qui
passe par la direction des traces des axes optiques. Ayant marqué grossièrement cette direction, on amincit la lame de façon qu'elle ait une
épaisseur assez faible pour qu'en polarisation chromatique en lumière
parallèle elle ne donne que des teintes blanc bleuâtre ou blanc jaunâtre.
La polarisation chromatique permet de déterminer exactement la direction des deux axes $oz\ oy$, d'après ce que nous avons vu, et par conséquent,
de tracer exactement sur le carton qui porte la lame de mica, la direction de l'axe oz du mica dont on n'avait qu'une direction approchée. Si
la lame a l'épaisseur voulue *pour la lumière monochromatique employée*,
en plaçant l'axe du mica à 45° de la section principale d'un polariseur,
la lumière qui sort de la lame est polarisée circulairement : on recon-
naitra qu'il en est exactement ainsi en recevant cette lumière sur un
analyseur biréfringent : les deux images doivent conserver la même
intensité, quelle que soit l'orientation de l'analyseur. C'est par tâtonnement qu'on arrive à trouver une lame de mica jouissant de cette
propriété. Il est prudent, comme elle est très mince, de coller la lame
sur une plaque de verre.

seur telle, que le passage de la lumière àtravers introduise une différence de marche juste égale à $\frac{1}{4}$ entre les deux vibrations rectilignes de direction ox et oy qu'elle peut transmettre sans altération. En faisant coïncider ces directions ox et oy, avec la direction connue des axes OX et OY de l'ellipse, la différence de marche entre les deux vibrations rectilignes suivant OX et OY devient,

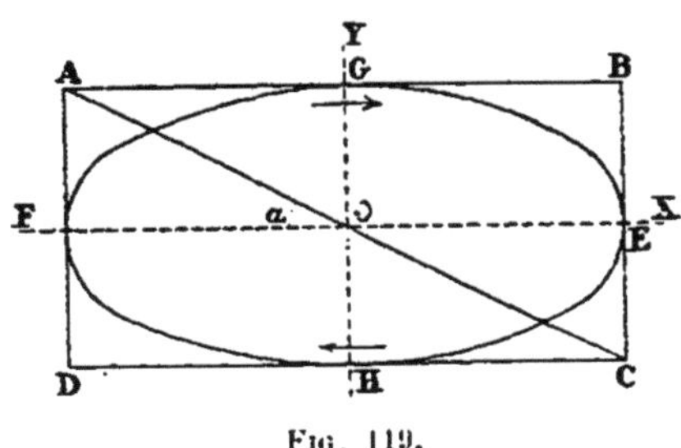

Fig. 119.

$$\frac{1}{4} - \frac{1}{4} = 0, \qquad \text{ou} \qquad \frac{1}{4} + \frac{1}{4} = \frac{1}{2};$$

dans les deux cas, la polarisation rectiligne est rétablie suivant la diagonale du rectangle circonscrit à l'ellipse (*fig* 119 et 120). L'angle α qui fait la direction OB ou OA de cette vibration rectiligneavec la direction OX de l'axe de l'ellipse, est donné par

$$\operatorname{tg} \alpha = \frac{BE}{OE} = \frac{OG}{OE}.$$

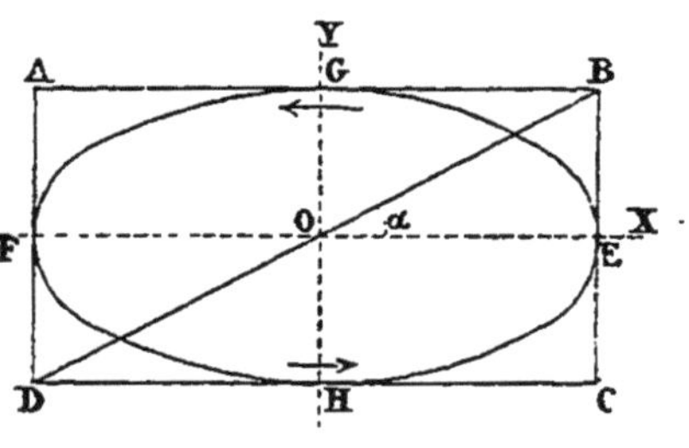

Fig. 120.

Ainsi, la tangente de cet angle α donne le rapport des longueurs des axes de l'ellipse. Or, cet angle α est facile à déterminer expérimentalement; puisque la polarisation rectiligne est rétablie au sortir de la lame de mica, il suffit de recevoir le rayon lumineux sur un nicol ; en tournant celui-ci jusqu'à extinction du rayon, la section principale sera perpendiculaire à la direction de la vibration rectiligne. Si le nicol est mobile sur un cercle gradué, on connaîtra la direction de la vibration rectiligne et par là l'angle α qu'elle fait avec la direction connue des axes de l'ellipse.

On voit qu'il faut, pour ces mesures, que le mica quart d'onde soit porté lui aussi sur un cercle gradué, et que les deux cercles gradués aient leur zéro repéré l'un par rapport à l'autre.

La direction ox, qui est telle dans le mica que les vibrations dirigées suivant cette direction prennent un retard sur les vibrations qui ont une direction perpendiculaire oy, est ce qu'on appelle communément l'*axe du mica* (voir la note 1 p. 219. En employant le mica quart d'onde pour transformer la polarisation elliptique en polarisation rectiligne, le sens de la rotation, de la particule vibrante sur l'ellipse est le sens qui va de l'axe du mica ox à la direction de la vibration rectiligne obtenue en ne tournant que d'un angle aigu. Cette règle se déduit directement de ce qui a été vu plus haut sur le sens de la rotation de la vibration elliptique. en remarquant que le mica quart d'onde *ajoute* un retard de phase égal à $\dfrac{1}{4}$ pour la direction qui coïncide avec l'axe du mica ox.

On peut utiliser, pour l'étude expérimentale de la polarisation elliptique, le compensateur de Babinet (chap. IV, § 3). puisqu'il permet d'obtenir, entre deux vibrations rectilignes de direction connue une différence de phase δ variable d'une façon continue suivant une loi linéaire, en s'écartant du milieu où la différence de phase est nulle. Nous nous bornons à indiquer ici l'emploi du compensateur de Babinet sans entrer dans le détail de l'application, parce que la méthode nécessite un appareil plus compliqué que la précédente, et qu'elle est plutôt moins précise.

Dans tout ce qui précède, nous avons supposé que la lumière polarisée elliptiquement était monochromatique. Quand on fait tomber, en effet, la lumière blanche sur un appareil capable de donner naissance à la polarisation elliptique, le plus souvent, la nature de cette polarisation (rapport de la longueur des axes, orientation des axes) dépend de la couleur, et il faut faire l'analyse alors pour un certain nombre de couleurs particulières qui composent la lumière blanche : un spectroscope ou tout au moins un prisme dispersif doit compléter les appareils.

Nous avons vu, un peu plus haut, comment, au moyen d'un mica quart d'onde, on pouvait transformer un rayon polarisé elliptiquement ou circulairement en un rayon polarisé rectilignement qui peut être complètement éteint par un nicol. Si, sur ce mica quart d'onde suivi du nicol, on faisait tomber de la lumière naturelle ou de la lumière partiellement polarisée il n'en serait pas de même. C'est ainsi qu'on peut distinguer la lumière polarisée circulairement de la lumière naturelle, et la lumière polarisée elliptiquement de la lumière partiellement polarisée.

6. Moyen d'obtenir une polarisation circulaire ou elliptique de nature connue. — Un polariseur, suivi d'une lame de mica quart d'onde pour la couleur employée, donne un rayon de lumière polarisée elliptiquement : l'un des axes de l'ellipse est dirigé suivant l'axe du mica, puisque celui-ci introduit une différence de marche de $\frac{1}{4}$ entre les deux vibrations rectilignes composantes. Le rapport des axes est donné par la tangente de l'angle que fait l'axe du mica avec le plan de la vibration de la lumière incidente polarisée, comme on le voit immédiatement ; en particulier, si cet angle est de 45°, la lumière est polarisée circulairement. Enfin, le sens de la rotation est celui où l'on va de la direction de la vibration rectiligne incidente à la direction de l'axe oz du mica, dans l'angle aigu que forment ces deux directions. Tous les éléments de cette polarisation elliptique sont donc connus.

7. Décomposition d'une vibration rectiligne en deux vibrations circulaires inverses. — Supposons deux ondes planes superposées à vibrations circulaires, l'une tournant à gauche, l'autre tournant à droite, mais identiques pour toutes les autres propriétés. Si la première existait seule, une particule d'éther décrirait le

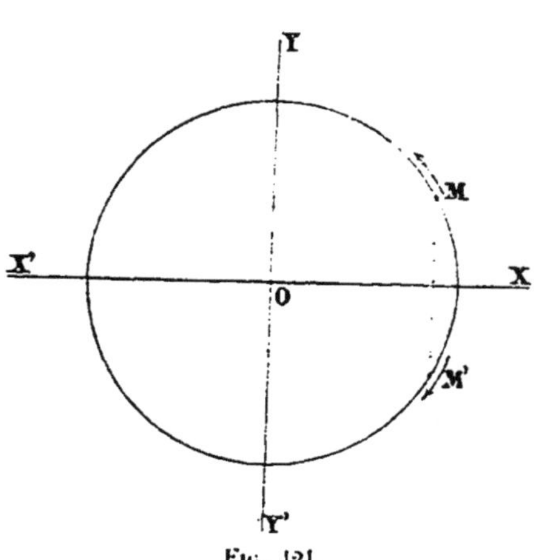

Fig. 121.

cercle de droite à gauche ; si la seconde existait seule, la particule d'éther décrirait le même cercle avec la même vitesse de gauche à droite. Menons la droite MM' (*fig.* 121) qui joint la position qu'aurait à un même moment la molécule d'éther dans l'une et l'autre hypothèse : puisque les vitesses de rotation sont les mêmes, cette ligne MM' se déplace quand le temps augmente en restant parallèle à elle-même. Menons par le centre O du cercle deux axes de coordonnées rectangulaires dans le plan de l'onde, l'un XOX' perpendiculaire à la direction constante de la droite MM', l'autre YOY' parallèle à cette direction.

La première vibration circulaire est équivalente à l'ensemble de deux vibrations rectilignes composantes, dirigées suivant OX et OY données par

$$x_1 = a \cos 2\pi \frac{t}{T} \tag{1}$$

$$y_1 = a \cos 2\pi \left(\frac{t}{T} - \frac{1}{4} \right). \tag{2}$$

De même, la seconde vibration circulaire est équivalente à l'ensemble des deux vibrations rectilignes dirigées aussi suivant OX et OY, et données par

$$x_2 = a \cos 2\pi \frac{t}{T} \tag{3}$$

$$y_2 = a \cos 2\pi \left(\frac{t}{T} - \frac{3}{4} \right) \tag{4}$$

a représentant le rayon du cercle et T la période, d'après ce qui a été vu plus haut (§§ 2, 3 et 4).

Si les deux vibrations circulaires sont superposées, on a l'équivalent des quatre vibrations rectilignes données par les relations (1), (2), (3) et (4). Composons les vibrations rectilignes dirigées suivant la même droite ; on a :

$$x = x_1 + x_2 = 2a \cos 2\pi \frac{t}{T}$$

$$y = y_1 + y_2 = a \cos 2\pi \left(\frac{t}{T} - \frac{1}{4} \right) + a \cos 2\pi \left(\frac{t}{T} - \frac{3}{4} \right) = 0.$$

Ainsi, les deux vibrations circulaires inverses donnent une vibration rectiligne d'amplitude $2a$ dirigée suivant OX, c'est-à-dire suivant *la perpendiculaire à la ligne MM' qui joint les positions qu'aurait à un même moment la particule vibrante si l'une ou l'autre des vibrations circulaires existait seule.*

Réciproquement, bien entendu, une onde polarisée rectilignement peut être considérée comme la superposition de deux ondes circulaires inverses de même période, les deux particules tournantes restant symétriquement placées par rapport à la direction de la vibration rectiligne.

Nous verrons plus loin, en traitant de la polarisation rotatoire, l'importance de ces remarques.

CHAPITRE VIII

POLARISATION ROTATOIRE

1. Exposé des phénomènes. — En général, lorsqu'un rayon lumineux traverse un cristal uniaxe suivant l'axe, tout se passe comme si le rayon traversait un corps isotrope, et si le cristal est placé entre un polariseur et un analyseur, on n'observe aucune coloration. Cependant certains cristaux, par exemple le quartz, font exception à cette règle. Si, en effet, on place entre deux nicols croisés une lame de quartz taillée perpendiculairement à l'axe, on constate que la lumière est rétablie et présente en général une vive coloration. Le phénomène se distingue d'ailleurs très facilement de la polarisation chromatique en lumière parallèle, que nous avons étudiée précédemment. En effet, si on fait tourner la lame dans son plan, la coloration ne change pas, ce qui n'a d'ailleurs rien de surprenant, puisque le cristal tourne alors autour de son axe. De plus, si on fait tourner l'analyseur, la teinte se modifie graduellement, en passant par une infinité de nuances différentes, sans jamais devenir blanche, tandis que, dans la polarisation chromatique, on ne peut, dans les mêmes conditions, que passer d'une teinte à la teinte complémentaire par l'intermédiaire du blanc.

Pour établir les lois de ce phénomène, étudions-le d'abord en lumière monochromatique. Faisons tomber sur une lame de quartz taillée perpendiculairement à l'axe un faisceau de lumière monochromatique polarisé, et recevons-le sur un analyseur. Si le polariseur et l'analyseur étaient à l'extinction avant l'introduction de la lame, on constate que la lumière est rétablie, et si on vient à tourner l'analyseur d'un certain angle α, on trouve que l'extinction se produit de nouveau. Donc la lumière qui sort de la lame de quartz est encore polarisée rectilignement, mais la lame de quartz a fait tourner le plan de polarisation de cet angle α. C'est pourquoi on appelle ce phénomène *polarisation rotatoire*.

Si on répète l'expérience avec différentes lumières monochromatiques, on constate que l'angle, dont il faut faire tourner l'analyseur pour produire l'extinction, diffère suivant les radiations : il est plus grand pour la lumière jaune que pour la lumière rouge, et d'une façon générale, plus la lumière est réfrangible plus cet angle est grand.

Ceci nous permet d'expliquer le phénomène observé avec la lumière blanche. Soit Ox (*fig.* 122) la direction de vibration de la lumière blanche qui tombe sur le cristal. Les plans de vibration des différentes couleurs vont, en traversant la lame, tourner d'angles différents : soit OR le plan de vibration de la lumière rouge à la sortie de la lame ; le plan de vibration de la lumière violette a tourné d'un angle plus grand et se trouve, par exemple, en OV ; les plans de vibration des autres couleurs occupent des positions intermé-

diaires telles que OJ, OB. Soit Oy la direction de la section
principale de l'analyseur : il ne laisse pas passer toutes
les couleurs avec la même intensité : si le plan de vibration OJ d'une couleur quelconque, fait un angle z avec Oy,
l'intensité de cette couleur au sortir de l'analyseur est proportionnelle à $\cos^2 z$. Comme z n'est pas le même pour toutes
les couleurs, la lumière obtenue est colorée. En particulier,

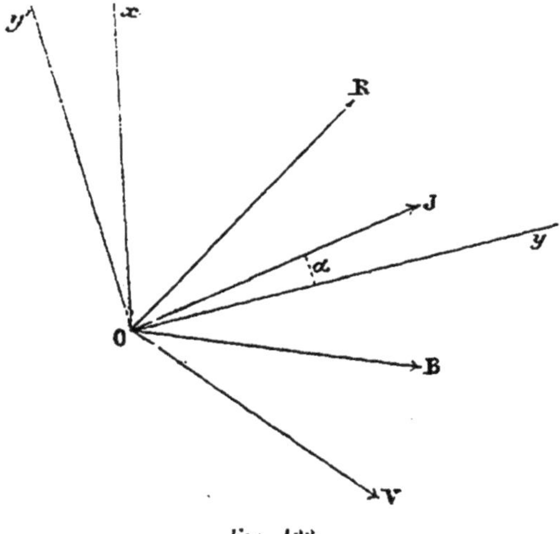

Fig. 122.

si Oy est perpendiculaire à OV, le violet est complètement éteint, la coloration obtenue est la teinte complémentaire du violet. Si on fait tourner l'analyseur, la teinte
varie ainsi graduellement sans jamais passer par le blanc.

Si l'analyseur employé est biréfringent, il laisse passer
pour une des images la vibration suivant Oy, pour l'autre la
vibration suivant Oy'. Pour la couleur dont le plan de vibration est OJ, l'intensité dans ces deux images est propor-

tionnelle à $\cos^2 z$ et à $\cos^2\left(\dfrac{\pi}{2} - z\right)$ ou $\sin^2 z$. Par suite, la somme de ces intensités étant égale à l'unité est la même pour toutes les couleurs : la superposition des deux images donne du blanc : les deux images sont donc complémentaires.

2. Lois de Biot. — Biot. qui a étudié le premier en 1813 ce phénomène découvert par Arago en 1811. a montré que l'orientation du plan de polarisation au sortir de la lame ne change pas, lorsqu'on retourne le cristal bout pour bout. Il a trouvé de plus que certains cristaux de quartz faisaient tourner le plan de polarisation dans un sens, et d'autres en sens contraire. Supposons un observateur recevant dans l'œil un rayon polarisé, et plaçons une lame de quartz sur le trajet du rayon (cette lame étant assez mince pour ne pas faire tourner de plus de 180° le plan de polarisation) : si. pour rétablir l'extinction. l'observateur doit faire tourner l'analyseur de gauche à droite en passant par le haut, on dit que la rotation est *droite*. Elle est *gauche* dans le cas contraire.

Les cristaux de quartz qui font tourner à droite le plan de polarisation sont appelés *cristaux droits* ou *dextrogyres*; ceux qui le font tourner à gauche sont appelés *cristaux gauches* ou *lévogyres.*

Biot a établi les lois suivantes :

1° L'angle de rotation du plan de polarisation est proportionnel à l'épaisseur traversée. On appelle *pouvoir rotatoire* la rotation produite par une lame d'épaisseur égale à l'unité :

2° Des cristaux droits et gauches, de même épaisseur, donnent des rotations égales et de sens contraire;

3° La rotation du plan de polarisation dépend de la couleur de lalumière incidente ; l'angle de rotation ρ varie, à peu près, en raison inverse du carré de la longueur d'onde : le produit $\rho\lambda^2$ est sensiblement constant.

Pour vérifier cette dernière loi, Biot décomposait la lumière par un prisme et faisait tomber successivement les différentes radiations sur une lame de quartz. Broch (¹), en 1852, par une méthode plus précise, a déterminé le pouvoir rotatoire du quartz, pour les radiations correspondant à certaines raies de spectre. Voici le résultat de ses expériences :

Raies du spectre	Rotation pour 1ᵐᵐ de quartz	Valeur de $\rho\lambda^2$
B (rouge)	15° 18′	7238
C (orangé)	17° 15″	7429
D (jaune)	21° 40′	7511
E (vert jaunâtre)	27° 28′	7596
F (vert bleuâtre)	32° 30′	7622
G (indigo)	42° 12′	7842

On voit que le produit $\rho\lambda^2$ n'est pas tout à fait constant : il augmente quand la longueur d'onde diminue.

3. Teinte sensible. — Lorsqu'on opère en lumière blanche, on a vu que l'on obtient une teinte variable avec l'orientation de l'analyseur. Plaçons cet analyseur de façon que sa section principale soit perpendiculaire au plan de vibration OJ du jaune moyen (*fig.* 123). Le jaune étant éteint la lumière a une teinte particulière gris de lin que l'on appelle la *teinte sensible*. Si, en effet, à partir de cette position O*y* on fait tourner l'analyseur d'un angle très petit dans

(¹) Ob-Jacob BROCH, né à Friedrikstad (Norwège), le 24 janvier 1818, mort le 5 février 1889, à Paris.

le sens où a tourné le plan de polarisation, la teinte vire au rouge, car la composante du rouge admise par l'analyseur augmente, tandis que celle du bleu diminue. Si, au contraire, on fait tourner en sens inverse, la teinte vire au bleu. L'œil apprécie très facilement ce changement de coloration.

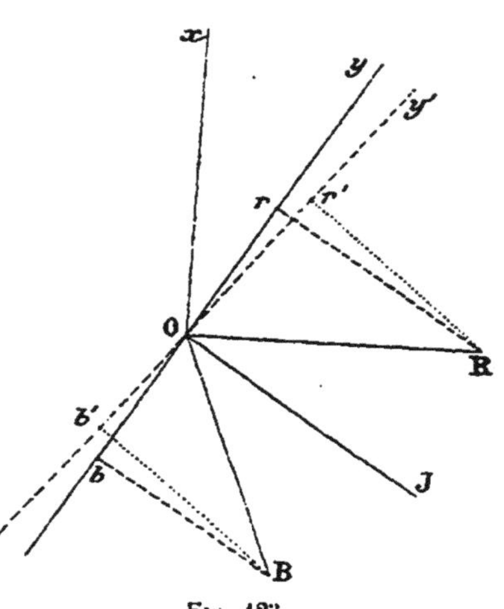

On peut se servir de la teinte sensible pour reconnaître le sens de rotation d'un cristal : on oriente l'analyseur de façon à obtenir cette teinte, puis on le tourne dans un sens quelconque : si la teinte passe du bleu au rouge on a tourné dans le sens de la rotation.

Fig. 123.

4. Quartz à deux rotations.

— Soleil a imaginé un appareil fondé sur la polarisation rotatoire pour trouver avec précision la direction du plan de polarisation d'une lumière blanche.

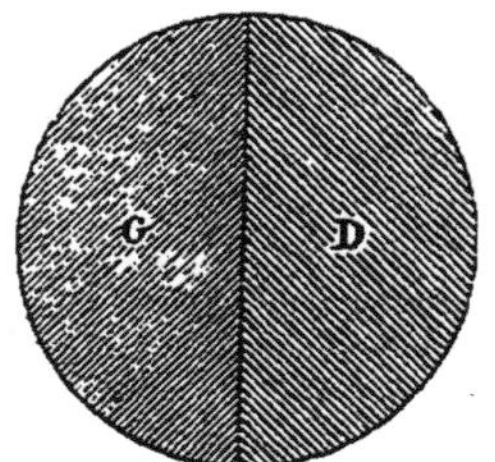

Fig. 124.

On juxtapose deux lames de quartz de même épaisseur, perpendiculaires à l'axe, l'une D en quartz droit, l'autre G en quartz gauche (*fig.* 124). Supposons qu'on place cet appareil sur le trajet d'un rayon blanc polarisé vibrant suivant Ox (*fig.* 125). A la sortie de la lame

D, le plan de vibration des rayons rouges a la direction OR, et à la sortie de la lame G la direction OR'. Comme les deux quartz, ont même épaisseur, ROx est égal à l'angle R'Ox ; de même, les plans de vibration d'une couleur quelconque, à la sortie de chacune des lames, ont des directions symétriques par rapport à Ox.

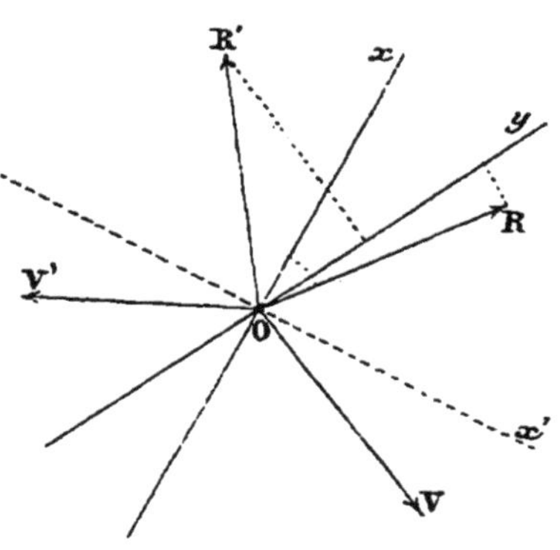

Fig. 125.

Si l'analyseur a une direction de vibration quelconque Oy, les composantes des diverses couleurs sont différentes pour les deux moitiés de la lame qui ont ainsi des teintes différentes. Mais si la direction de vibration de l'analyseur est placée suivant Ox ou suivant la direction Ox' perpendiculaire à Ox, on voit que les deux teintes sont les mêmes. Par conséquent en tournant l'analyseur jusqu'à ce que les deux teintes soient les mêmes, on détermine la direction du plan de vibration, ou du plan perpendiculaire.

Pour que cette détermination se fasse avec plus de précision, on a recours à la teinte sensible : on donne aux plaques de quartz une épaisseur de $3^{mm},75$, de façon que le plan de polarisation du jaune moyen tourne de 90°. Alors, lorsque le plan de vibration de l'analyseur a la direction Ox, la teinte commune aux deux plaques est la teinte sensible ; un très petit déplacement de l'analyseur amène alors une différence de teinte notable entre les deux moitiés de la plaque. En employant des lames de quartz de $7^{mm},5$ on a le même résultat quand la direction de vibration de l'analyseur est perpendiculaire à Ox.

5. Influence de l'épaisseur de la lame cristalline. —

Lorsque la lame de quartz est très mince, les plans de polarisation des différentes couleurs ne sont pas sensiblement séparés à la sortie : la teinte obtenue avec l'analyseur est sensiblement incolore, son intensité variant avec l'orientation de l'analyseur.

L'épaisseur augmentant et devenant, par exemple, de un millimètre, on obtient des colorations très vives. Mais, si l'épaisseur devient de quelques centimètres, pour une couleur, le rouge, par exemple, la rotation du plan de polarisation est de plusieurs circonférences. Si l'analyseur est placé de façon à éteindre cette couleur, il éteint aussi celle dont le plan de polarisation a tourné de 180°, en plus ou en moins ; cette couleur peut être très voisine du rouge comme teinte. L'analyseur éteignant ainsi des radiations prises dans toutes les régions du spectre, on a du blanc d'ordre supérieur qui, examiné au spectroscope, donne un spectre cannelé. On peut répéter, avec un quartz assez épais, l'expérience de Fizeau et Foucault (chap. VI, § 5). En tournant l'analyseur les bandes noires se déplacent d'une façon continue, ce qui distingue ce phénomène du phénomène analogue étudié en polarisation chromatique. En faisant tourner l'analyseur, dans le sens de la rotation du quartz, les bandes se déplacent du rouge au violet, puisque le plan de polarisation tourne en traversant le quartz d'un angle, qui augmente en allant du rouge au violet. On a, par là, un moyen de reconnaître le sens de la rotation pour un quartz épais.

Broch s'est servi de ce dispositif pour déterminer le pouvoir rotatoire du quartz relatif aux divers couleurs : la lumière employée étant la lumière solaire et le spectre étant assez pur pour que les principales raies de Fraunhöfer fussent visibles, on tournait l'analyseur jusqu'à ce que le milieu d'une bande sombre coïncidât avec une raie de Fraunhöfer ; de la position de l'analyseur on déduisait la rotation du plan de polarisation pour la couleur correspondant à cette raie. Nous avons donné plus haut les résultats obtenus par Broch.

6. Cristaux doués du pouvoir rotatoire. — Les cristaux qui présentent la polarisation rotatoire sont en très petit nombre ; on n'en connaît que 18 : aucun cristal biaxe ne jouit de cette propriété ; ce sont toujours des cristaux uniaxes, ou appartenant au système cubique, qui sont doués du pouvoir rotatoire : En voici la liste :

SYSTÈME SÉNAIRE ou TERNAIRE	SYSTÈME QUADRATIQUE	SYSTÈME CUBIQUE
Hémièdres holoaxes	*Hémièdres holoaxes*	*Hémièdres*
Périodate de sodium	Carbonate de guanidine.	Chlorate de sodium
Quartz.		Bromate de sodium
Hyposulfate de potassium anhydre.	*Non hémièdres*	Sulfoantimoniate de sodium.
Hyposulfate de calcium hydraté.	Diacétyl-phénol-phtaléine	Acétate d'uranium et de sodium.
	Sulfate d'éthylène diamine.	
Non hémièdres	Sulfate de strychnine.	*Non hémièdres*
Cinabre.		Alun d'amylamine.
Benzile.		
Hyposulfate de plomb.		
Hyposulfate de strontium.		
Maticocamphre.		

Le pouvoir rotatoire indique un défaut de symétrie, dans les propriétés du cristal, en tournant dans un sens et dans l'autre autour de l'axe. Cette dissymétrie est quelquefois traduite à l'extérieur par l'existence de facettes hémièdres : ainsi, certains échantillons de quartz possèdent des facettes hémièdres x à droite (*fig.* 126), d'autres possèdent leurs

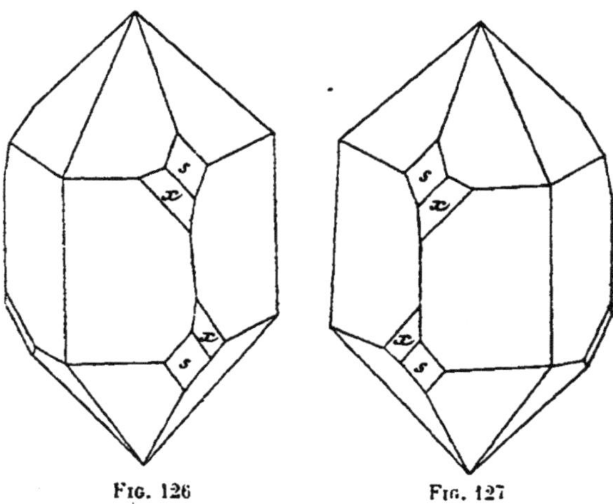

Fig. 126   Fig. 127

facettes hémiédriques à gauche (*fig.* 127) ; les premiers possèdent le pouvoir rotatoire à droite, les autres à gauche.

Mais tous les cristaux qui jouissent du pouvoir rotatoire ne sont pas hémièdres, comme on peut le voir dans le tableau précédent.

7. Pouvoir rotatoire des corps non cristallisés. —
Des corps amorphes, solides, liquides ou gazeux peuvent aussi jouir du pouvoir rotatoire. Ainsi. l'essence de térébenthine, la dissolution de sucre, d'acide tartrique, le sucre solide à l'état vitreux, la vapeur d'essence de térébenthine

font tourner le plan de polarisation d'un rayon qui les traverse.

Les lois du phénomène sont identiques à celles que nous avons données pour les corps cristallisés. La rotation est proportionnelle à l'épaisseur traversée. Elle varie sensiblement en raison inverse du carré de la longueur d'onde. Cette seconde loi n'est qu'approchée, et même est tout à fait inexacte dans quelques cas. Ainsi, l'acide tartrique dévie moins le plan de polarisation du violet que celui du vert, et même que celui du rouge.

C'est Biot, qui, en 1815, découvrit fortuitement ce phénomène remarquable sur l'essence de térébenthine; ensuite il constata l'existence du pouvoir rotatoire sur un grand nombre de substances liquides ou dissoutes et en reconnut aussi l'existence dans le sucre amené à l'état solide vitreux, ainsi que dans la vapeur d'essence de térébenthine.

Le pouvoir rotatoire des corps amorphes est bien plus faible que celui des corps cristallisés. Aussi, au lieu de prendre, comme dans les cristaux, pour pouvoir rotatoire l'angle dont tourne le plan de polarisation pour 1 millimètre d'épaisseur de la substance active traversée, prend-on habituellement pour les corps amorphes l'angle dont tourne le plan de polarisation pour 1 décimètre de la substance active traversée.

8. Mélange de diverses substances. — Dans le cas des corps amorphes, la dissymétrie qui détermine le pouvoir rotatoire, ne pouvant être attribuée à l'édifice cristallin, doit exister dans la molécule elle-même.

Il est donc à présumer que, dans un mélange d'une *substance active* (douée de pouvoir rotatoire), avec une substance inactive, ou dans le mélange de diverses substances actives, sans action chimique les unes sur les autres, la rotation du plan de polarisation, ne dépendra que du nombre de molécules actives, rencontrées par le rayon lumineux, en tenant compte du degré d'activité des molécules de nature différente.

S'il en est ainsi, un raisonnement simple conduit à la relation qui donne la valeur de la rotation du plan de polarisation dans le cas d'un mélange de plusieurs substances. Considérons deux tubes A, B de même section s et de longueur l_1, l_2. Soient ρ_1, ρ_2 les pouvoirs rotatoires de deux substances contenues dans ces tubes : si un rayon lumineux traverse successivement les deux tubes, le plan de polarisation tourne d'un angle α donné par

$$\alpha = l_1\rho_1 + l_2\rho_2$$

ρ_1, ρ_2 pouvant d'ailleurs être positifs ou négatifs suivant que les corps considérés font tourner à droite ou à gauche le plan de polarisation (sont dextrogyres ou lévogyres). Réunissons maintenant dans un même tube C de longueur L et de même section que les précédents, les deux substances des tubes A et B : si aucune action chimique ne se produit, et si l'hypothèse faite ci-dessus est exacte, la rotation restera la même. Désignons par p_1 la masse du corps contenu dans le tube A, et par d_1 sa masse spécifique : soient p_2 et d_2 les mêmes quantités pour le tube B; on a :

$$p_1 = s l_1 d_1 \tag{1}$$

$$p_2 = s l_2 d_2 \tag{2}$$

On a, de même, si D est la masse spécifique du mélange des deux corps :

$$p_1 + p_2 = sLD \qquad (3)$$

On tire de (1) (2) et (3) les valeurs de l_1 et l_2

$$l_1 = L \frac{D}{d_1} \frac{p_1}{p_1 + p_2} \qquad\qquad l_2 = L \frac{D}{d_2} \frac{p_2}{p_1 + p_2}$$

qui, portées dans l'expression de x, donnent :

$$x = l_1 \rho_1 + l_2 \rho_2 = L \left[\frac{\rho_1}{d_1} D \frac{p_1}{p_1 + p_2} + \frac{\rho_2}{d_2} D \frac{p_2}{p_1 + p_2} \right]$$

Le quotient

$$\omega = \frac{\rho}{d}$$

du pouvoir rotatoire ρ d'une substance par sa masse spécifique d a été désigné par Biot sous le nom de *pouvoir rotatoire moléculaire*. M. Mallard a désigné cette grandeur par l'expression plus juste de *pouvoir rotatoire spécifique* que nous adopterons.

D'autre part, on appelle *masse spécifique* δ d'un corps en dissolution, ou dans un mélange, la masse de ce corps qui se trouve dans l'unité de volume du mélange. Si δ_1 est la masse spécifique du corps primitivement contenu dans le tube A lorsqu'il est mélangé avec l'autre, on a :

$$\delta_1 = D \frac{p_1}{p_1 + p_2}$$

On a de même, pour le liquide primitivement contenu dans B :

$$\delta_2 = D \frac{p_2}{p_1 + p_2}$$

Soient ω_1 et ω_2 les pouvoirs rotatoires spécifiques des deux liquides; l'expression précédente devient :

$$x = L\,[\omega_1\delta_1 + \omega_2\delta_2]$$

D'une façon générale, si on a plusieurs corps actifs de pouvoirs rotatoires spécifiques $\omega_1\ \omega_2\ \omega_3...$ et dont les masses spécifiques dans le mélange sont $\delta_1\ \delta_2\ \delta_3...$ la rotation x est donnée par

$$x = L\,[\omega_1\delta_1 + \omega_2\delta_2 + ...] = L\Sigma\omega\delta \qquad (4)$$

cette relation se réduit à

$$x = L\omega\delta \qquad (5)$$

dans le cas d'un corps actif dissous dans un liquide inactif.

L'expérience montre que la relation (4) ou (5) se vérifie assez bien le plus souvent. Pourtant, dans le cas d'une substance active mélangée à une substance inactive, la rotation est, en général, un peu plus grande que celle indiquée par la relation (5). Lorsque la relation (4) est loin d'être vérifiée par l'expérience, comme cela a lieu dans certains cas, on est conduit à admettre qu'il y a eu des actions chimiques entre les corps en présence.

9. Conservation du pouvoir rotatoire spécifique. —

Nous venons de voir que le pouvoir rotatoire spécifique se conserve au moins, à très peu près, dans les mélanges ou dissolutions, quand il n'y a pas d'actions chimiques. Lorsqu'on peut faire passer un liquide actif à l'état de solide amorphe, comme dans le cas du sucre par exemple, on constate que le pouvoir rotatoire spécifique reste sensiblement le même.

M. Gernez, en reprenant une expérience laissée inachevée par Biot, a montré qu'à l'état de vapeur, le pouvoir rotatoire spécifique de l'essence de térébenthine a la même valeur qu'à l'état liquide.

Ces deux faits montrent bien que le pouvoir rotatoire est dû à l'action de la molécule.

Ce qu'il y a de remarquable, c'est que, même les combinaisons chimiques ne modifient pas toujours profondément le pouvoir rotatoire. Ainsi, les acides qui font tourner à droite le plan de polorisation donnent des sels qui, en général, font aussi tourner à droite le plan de polarisation, et de même les acides lévogyres donnent des sels lévogyres.

10. Cristaux des corps actifs des dissolutions. — Le défaut de symétrie de la molécule d'un corps doué de pouvoir rotatoire en dissolution entraîne le plus souvent un défaut de symétrie correspondant dans la forme cristalline qu'affecte le corps à l'état solide.

C'est ainsi que Pasteur a découvert que l'acide tartrique qui, en dissolution est dextrogyre, présente à l'état cristallin des facettes hémièdres (hémièdrie holoaxe non superposable) inclinées à droite, tandis que l'acide tartrique qui, en dissolution, est lévogyre, donne des cristaux hémièdres à facettes inclinées à gauche.

Pourtant cette propriété n'est pas générale, car plusieurs espèces de camphres actifs en dissolution donnent des cristaux qui ne sont pas hémièdres.

Faisons remarquer que les cristaux qui doivent leur pouvoir rotatoire à la dissymétrie de l'édifice cristallin et non à celle de la molécule, comme le chlorate de soude, par exemple, se reconnaissent à ce que leurs dissolutions ne sont pas actives en général. Quand on fait cristalliser une de ces dissolutions provenant de cristaux dextrogyres, par exemple, on trouve des cristaux les uns lévogyres, les autres dextrogyres. Tandis que, si c'est la molécule elle-même qui jouit du pouvoir rotatoire, comme dans le cas de l'acide tartrique, la dissolution d'un cristal hémièdre à facettes inclinées à droite donne une dissolution dextrogyre, et, si on fait cristalliser celle-ci, on ne trouve que des cristaux à facettes inclinées à droite.

11. Application de la polarisation rotatoire. Polaristrobomètres (saccharimètres). — Dissolvons une substance active dans un liquide inactif: la rotation z du plan de polarisation d'un rayon traversant la dissolution est donnée par la relation 5) :

$$z = L\omega\delta.$$

Si on connait le pouvoir rotatoire moléculaire ω, et si on mesure la rotation z on pourra en déduire δ et, par suite, la quantité de substance active contenue dans une dissolution. En particulier, on emploie ce procédé pour reconnaître la quantité de sucre contenue dans un liquide sucré.

On a imaginé, dans le but de mesurer avec précision la rotation du plan de polarisation des appareils appelés *polaristrobomètres* : mais comme ils sont le plus souvent employés dans le cas des liqueurs sucrées, ils sont plus communément appelés *saccharimètres*.

Les polaristrobomètres sont très nombreux. Nous nous

bornerons à décrire ici le *saccharimètre de Laurent* qui est le plus employé aujourd'hui.

Cet appareil (*fig.* 128) comprend un nicol polariseur C et un nicol analyseur E. Entre ces deux nicols on peut introduire le tube D contenant le liquide doué de pouvoir rota-

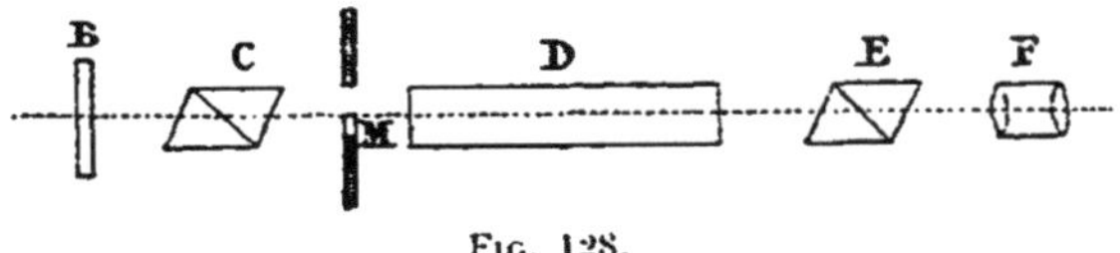

Fig. 128.

toire. Pour déterminer exactement la position du plan de polarisation, on a placé en M un diaphragme dont l'ouverture est occupée, dans une moitié seulement, par une *lame demi-onde*, c'est-à-dire une lame cristalline établissant une différence de marche égale à $\frac{1}{2}$ entre les deux vibrations rectangulaires qui la traversent, pour la lumière monochromatique employée. Celle-ci est obtenue au moyen de la flamme d'un bec de Bunsen, dans laquelle est placé du chlorure de sodium fondu ; pour rendre la lumière encore plus homogène, on la fait passer à travers une lame B de bichromate de potassium.

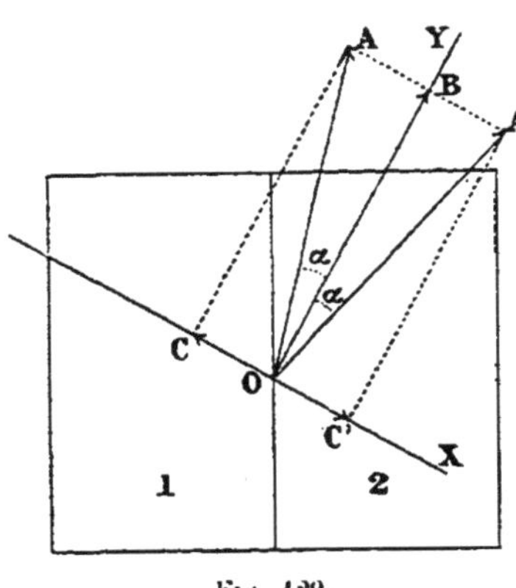

Fig. 129.

Voyons maintenant l'effet de ce dispositif. Supposons, par exemple, que la région 1 soit laissée libre (*fig.* 129) et que la région 2 soit occupée par la lame demi-onde. Soit OA la direction de vibration de la lumière polarisée par le nicol C (*fig.* 128). Dans la région 1 (*fig.* 129), la direction de vibration n'est pas changée par le passage à travers le diaphragme ; mais dans la région 2, la vibration est remplacée par sa symétrique par rapport à l'axe OB de la lame demi-onde : en effet la lame demi-onde laisse passer les vibrations suivant deux directions rectangulaires OY et OX : soient OB et OC les composantes de la vibration OA suivant ces deux directions : à la sortie de la lame la vibration suivant OC a un retard d'une demi-longueur d'onde sur la vibration suivant OB : en composant ces deux vibrations à la sortie, on obtient une vibration rectiligne OA′ symétrique de OA par rapport à l'axe OB (V. chap. vii, § 2).

Supposons d'abord que le tube B n'existe pas. En regardant à travers le nicol E, comme celui-ci ne laisse passer que les composantes des vibrations suivant sa section principale, les composantes des vibrations OA et OA′ sont différentes et, par suite, les régions 1 et 2 ont des éclats différents, tant que cette section principale n'est pas dirigée suivant OX ou suivant OY. Du reste, comme on rend petit l'angle α que fait la direction OA des vibrations qui sortent du nicol polariseur, avec l'axe de vibration OY de la lame demi-onde, si la section principale de l'analyseur est dirigée suivant OY, les deux plages 1 et 2 sont vivement éclairées tandis que si la section principale est dirigée suivant OX les deux plages 1 et 2 sont faiblement éclairées, ce qui permet de distinguer aisément ces deux directions.

On tourne le nicol analyseur jusqu'à ce que les deux

régions aient le même éclat, cet éclat étant faible, c'est-à-dire de façon que sa section principale coïncide avec OX. Introduisons maintenant le tube contenant le liquide : les deux vibrations OA et OA' vont tourner d'un même angle β qu'il s'agit de mesurer; pour cela, il suffit de faire tourner l'analyseur jusqu'à ce que l'égalité d'éclat des deux régions du diaphragme soit rétablie, cet éclat étant le plus faible des deux éclats pour lequel il en est ainsi : l'angle dont on a tourné le nicol, est l'angle dont a tourné la bissectrice de AOA' : c'est donc aussi l'angle β.

L'appareil est complétée par une lunette de Galilée F visant le diaphragme M.

Il vaut mieux, pour la précision, comparer l'égalité d'éclat des deux plages quand cet éclat est assez faible. On régle donc la sensibilité de l'appareil, en faisant varier l'angle α, dont dépend l'intensité lumineuse quand les deux plages ont le même éclat.

12. Propagation des ondes circulaires par les corps doués de pouvoirs rotatoires.

— Supposons qu'un corps jouisse de la propriété de transmettre sans altération une onde polarisée circulairement, mais que la vitesse de propation v_D d'une onde circulaire droite soit différente de la vitesse de propagation v_G d'une onde circulaire gauche ; un pareil corps jouit du pouvoir rotatoire. Nous allons le montrer en nous appuyant, comme dans la plupart des démonstrations que nous avons faites jusqu'ici, sur le principe de la superposition des élasticités dans les petits mouvements.

Considérons un rayon lumineux polarisé rectilignement.

tombant normalement sur un pareil corps. Puisqu'une onde plane polarisée rectilignement est équivalente à deux ondes planes superposées. polarisées circulairement en sens inverse (Chap. vii, § 7), et puisque ce sont ces ondes circulaires qui se propagent sans altération dans ce corps. tout doit se passer comme si ce dédoublement s'effectuait réellement, chacune des ondes circulaires se propageant avec la vitesse qui lui est propre. Si cette vitesse était la même $(v_D = v_G)$, pour une même longueur parcourue dans le corps, les particules d'éther auraient tourné d'un même angle. et. par conséquent seraient constamment symétriques par rapport à une direction fixe, celle de la vibration rectiligne incidente; il en résulterait que l'ensemble des deux circulaires dans le trajet du rayon à travers le corps produirait une polarisation rectiligne (Chap. vii, § 7), la direction de la vibration restant constamment celle de la vibration incidente. Mais, si les vitesses de propagation des deux ondes circulaires ne sont pas les mêmes, il n'en est pas ainsi.

Soit, en effet, OX un plan fixe passant par le rayon lumineux et par la direction de la vibration rectiligne incidente: si nous comptons le temps t à partir du moment où la particule vibrant suivant OX a son élongation maximum, et si nous considérons les ondes circulaires droites et gauches qui peuvent remplacer l'onde incidente, le plan OM_0 qui passe par le rayon lumineux et par la position de la particule tournante sur l'onde circulaire gauche dans le plan d'entrée P fait avec OX un angle $\frac{2\pi}{T}\,t$. en désignant par T la période de la vibration considérée. Dans un plan Q perpendiculaire au rayon lumineux et à une distance l du plan d'entrée P.

l'angle α que fait au temps t avec OX le plan OM passant par le rayon lumineux et par la position de la particule tournante est le même que l'angle que fait avec OX le plan OM_0 à l'époque $t = 0$, en désignant par θ le temps employé par l'onde circulaire à parcourir la longueur l, c'est-à-dire le temps $\dfrac{l}{v_G}$, en appelant v_G la vitesse de propagation de l'onde circulaire gauche. On a donc

$$\alpha = \frac{2\pi}{T} (t - \theta) = \frac{2\pi}{T} \left(t - \frac{l}{v_G} \right).$$

De même, l'angle négatif α' que fait avec OX à l'époque t le plan OM′ passant par le rayon lumineux et par la position de la particule tournante sur l'onde circulaire droite dans le plan Q est donné par

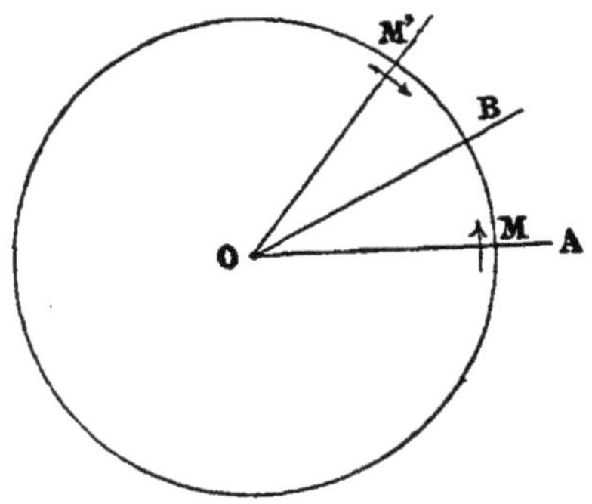

Fig. 130.

$$\alpha' = - \frac{2\pi}{T} \left(t - \frac{l}{v_D} \right).$$

en représentant par v_D la vitesse de propagation de cette onde.

L'angle ω que fait avec OX le plan bissecteur OB (*fig.* 130) de l'angle formé par les plans OM et OM′ est donné par

$$\omega = \frac{\alpha + \alpha'}{2} = \frac{\pi l}{T} \left(\frac{1}{v_D} - \frac{1}{v_G} \right). \qquad (1)$$

La position de ce plan bissecteur OB, étant indépendante du temps t, est fixe, et les deux particules tournant dans le plan Q ont toujours des positions symétriques par rapport au plan OB. Par conséquent, l'ensemble des deux ondes circulaires dans le plan Q équivaut à une onde vibrant rectilignement suivant OB.

On voit que le plan de vibration de cette onde rectiligne a tourné de l'angle ω donné par la relation (1). Cet angle est positif si $v_G > v_D$: négatif, dans le cas contraire ; c'est-à-dire que *le plan de vibration a tourné dans le sens du mouvement de la particule sur l'onde circulaire qui se propage le plus rapidement*. L'angle de rotation du plan de vibration ω est proportionnel à la longueur l du corps actif traversé par le rayon lumineux.

Réciproquement, un corps doué du pouvoir rotatoire jouit de la propriété de transmettre sans altération les ondes polarisées circulairement, la vitesse de propagation des deux circulaires droit et gauche étant différente.

Remarquons, en effet, qu'une onde circulaire incidente peut être décomposée en deux ondes rectilignes, dont les vibrations sont rectangulaires, ayant une différence de marche δ égale à $\frac{1}{4}$. Si le corps est doué du pouvoir rotatoire, chacune de ces ondes rectilignes se propage avec la même vitesse en n'éprouvant d'autre altération que de tourner d'un même angle : elles présentent en chaque point du corps la différence de phase $\frac{1}{4}$ et, par conséquent, leur ensemble donne lieu à une onde polarisée circulairement. Ainsi, une onde incidente circulaire se propage sous forme d'une seule onde circulaire, sans altération par conséquent.

Si le corps doué du pouvoir rotatoire est dextrogyre, la

vitesse de propagation des ondes tournant à droite doit être plus grande que la vitesse des ondes tournant à gauche, car nous avons vu plus haut : 1° que si c'était l'inverse, le corps serait lévogyre; 2° que si les vitesses étaient égales, le plan de vibration conservant une direction constante, le corps ne serait pas doué de pouvoir rotatoire. Inversement, si le corps est lévogyre, la vitesse de propagation des ondes tournant à gauche doit être plus grande que celle des ondes tournant à droite.

Dans tous les cas, la relation (1) lie la valeur du pouvoir rotatoire spécifique $\frac{\omega}{l}$ aux vitesses de propagation des deux circulaires v_D et v_G et à la période T.

En résumé, la propriété du pouvoir rotatoire et la propriété de propager sans altération les vibrations circulaires droite et gauche avec des vitesses différentes sont intimement liées : l'une entraine l'autre. On peut donc, suivant ce qui est le plus commode pour un raisonnement, supposer la propagation d'onde circulaire sans altération, ou la propagation d'onde rectiligne avec rotation du plan de vibration proportionnelle à la longueur parcourue par le rayon.

13. Vérifications expérimentales. — Expériences de M. Cornu. — Expériences de Fresnel. — Il est extrêmement facile de montrer par expérience qu'un corps doué de pouvoir rotatoire, jouit de la propriété de transmettre sans altération une onde polarisée circulairement.

Pour voir que les deux circulaires droit et gauche se propagent avec des vitesses différentes, on peut mesurer leurs indices de réfraction par la méthode ordinaire d'un prisme placé au minimum de déviation. Rappelons, en effet, que l'indice de réfraction par rapport à l'air de la substance, est égal au rapport $\dfrac{V}{v}$ de la vitesse V du rayon lumineux dans l'air à la vitesse v dans le corps, et que cet indice est égal au rapport du sinus de l'angle d'incidence au sinus de l'angle de réfraction, soit dans le cas des corps amorphes doués de pouvoir rotatoire, soit dans le cas des corps cristallisés, parce qu'alors, il s'agit d'un corps cristallisé dans le système cubique ou bien d'un corps uniaxe pour la direction de l'axe optique.

Ainsi, pour faire l'expérience avec le quartz, prenons un prisme triangulaire de cette substance BAC (*fig.* 131) taillé de façon que l'axe optique du quartz soit perpendiculaire ou

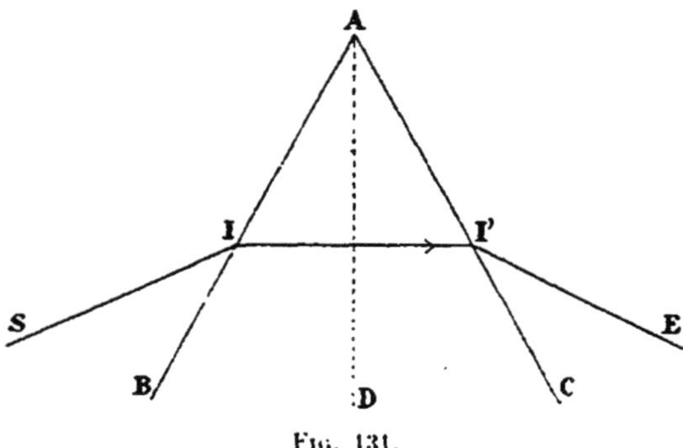

Fig. 131.

au plan bissecteur AD du dièdre réfringent BAC. Faisons tomber sur la face AB un rayon de lumière polarisée circulairement, de façon qu'il traverse le prisme dans la direction II' de l'axe; ce rayon ne se dédouble pas, sort du cristal polarisé circulairement comme à l'entrée, en faisant un angle d'émergence égal à l'angle d'incidence et éprouve, par conséquent, le minimum de déviation. En mesurant au moyen d'un goniomètre de Babinet cette déviation minimum D, et l'angle A du prisme, on obtient, comme on le sait, l'indice de réfraction n, par la relation :

$$ n = \frac{\sin \dfrac{A + D}{2}}{\sin \dfrac{A}{2}} $$

Or, on trouve ainsi que si le cristal de quartz est lévogyre, l'indice n_D d'un rayon polarisé circulairement et tournant dans le sens dextrogyre est un peu plus grand que l'indice n_G d'un rayon polarisé circulairement et tournant dans le sens lévogyre ; par conséquent, dans les cas d'un quartz lévogyre on a $v_G > v_D$. C'est l'inverse quand le quartz est dextrogyre.

Cette expérience a été faite pour la première fois par M. Cornu, sous une forme différant un peu de celle que nous venons de décrire. M. Cornu faisait tomber sur le prisme de quartz un rayon de lumière polarisée rectilignement. Or, quand le prisme était placé au minimum de déviation, on constatait qu'il en sortait deux rayons circulaires, l'un droit, l'autre gauche, ayant subi une déviation légèrement différente et, par conséquent, séparés l'un de l'autre. Cette séparation était du reste assez faible pour qu'on puisse considérer ces rayons, comme ayant traversé tous les deux le cristal suivant son axe. Puisqu'une onde polarisée rectilignement est équivalente à deux ondes polarisées circulairement en sens inverse, la méthode de M. Cornu revient à faire à la fois l'expérience décrite ci-dessus pour le circulaire droite et pour le circulaire gauche.

La relation (1) du paragraphe précédent peut s'écrire en multipliant le numérateur et le dénominateur du second membre par la vitesse V de la lumière dans l'air, en remplaçant VT longueur d'onde dans l'air par λ, $\dfrac{V}{v_D}$ et $\dfrac{V}{v_G}$, indices de réfraction du circulaire droit et du circulaire gauche par n_D et n_G [1]

$$\frac{\omega}{l} = \frac{\pi(n_D - n_G)}{\lambda}. \qquad (1\ bis)$$

L'expérience de M. Cornu fournit n_G et n_D : comme on connaît la longueur d'onde λ de la lumière employée, ainsi que le pouvoir rotatoire spécifique $\dfrac{\omega}{l}$ du quartz pour cette couleur, cette expérience permet de montrer l'exactitude de la relation (1 bis).

Bien avant l'expérience de M. Cornu, Fresnel, auquel on doit la première idée des considérations exposées au paragraphe précédent, avait fait une expérience remarquable qui montre bien leur utilité, car cette expérience s'explique très aisément en considérant le quartz comme doué du pouvoir de propager, suivant un axe optique, des ondes circulaires droite et gauche sans altération, mais avec des vitesses différentes.

Fresnel s'est servi d'un prisme triangulaire en quartz

---

[1] Il ne faudrait pas croire que cette relation est incorrecte, parce qu'au dénominateur figure la première puissance de λ, quoique la loi de Biot nous apprenne que $\dfrac{\omega}{l}$ est à peu près en raison inverse du carré de la longueur d'onde : $n_D - n_G$ dépend, en effet, de la longueur d'onde.

BAC (*fig.* 132), ayant un angle très obtus (152°), compris
entre deux prismes rectangles ABD et ACE en quartz,
possédant une rotation inverse de celle du prisme BAC, de
façon que l'ensemble forme un parallélépipède rectangle.
L'axe optique dans les trois quartz est normal aux faces
DB et EC. Si on regarde à travers ce système un objet délié
envoyant de la lumière polarisée rectilignement, et tombant

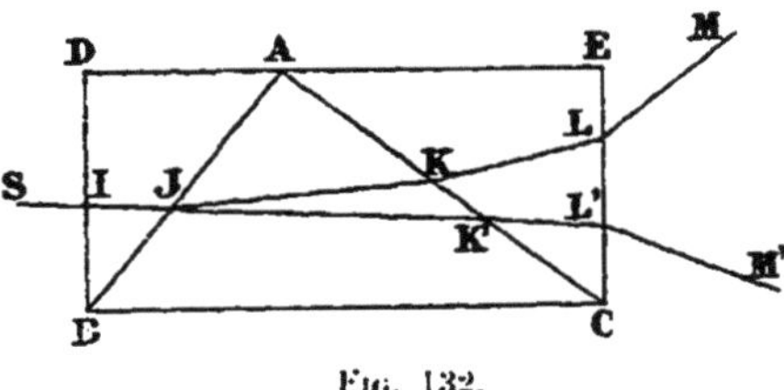

Fig. 132.

normalement sur la face DB, on constate que l'on voit deux
images de cet objet, que la lumière qui les fournit est polarisée circulairement, et que les rotations sont de sens inverses
pour les deux images.

Considérons, en effet, un rayon SI (*fig.* 132), de lumière
polarisée rectilignement et tombant normalement sur BD,
c'est-à-dire dans la direction des axes optiques du quartz,
ce rayon peut être considéré suivant IJ comme formé de
deux rayons circulaires inverses. Pour fixer les idées, supposons que les prismes ABD et AEC soient dextrogyres et
le prisme BAC lévogyre. Alors le circulaire droit, en passant du premier prisme dans le second passe d'un milieu
dans un autre où sa vitesse est un peu plus petite; il doit
donc se rapprocher légèrement de la normale suivant JK';
tandis que le circulaire gauche, passant d'un milieu dans un

autre où sa vitesse est un peu plus grande, s'écarte de la
normale suivant JK ; les deux circulaires inverses sont donc
séparés angulairement, mais d'une quantité si petite, que
l'angle qu'ils font avec l'axe optique du prisme BAC n'em-
pêche pas celui-ci de les propager sans altération. Pour une
raison analogue, l'angle des deux rayons augmente encore
un peu en passant du prisme BAC au prisme CAE ; il augmente encore à la sortie de ce prisme dans l'air, puisque les
rayons tombent obliquement, et en sens inverse, sur la face
de sortie EC.

14. Expérience de M. Cotton. — Nous avons vu que
les cristaux colorés absorbent en général en proportion différente les deux rayons polarisés à angle droit qu'ils peuvent
transmettre sans altération. M. Cotton a montré tout récemment que certains liquides colorés doués de pouvoir rotatoire, par exemple, la dissolution de tartrate double de
cuivre et de potassium, absorbent inégalement les deux rayons
circulaires inverses. Ce fait corrobore la manière de voir de
Fresnel.

CHAPITRE IX

POLARISATION ROTATOIRE MAGNÉTIQUE

1. Exposé et lois du phénomène. — En 1845, Faraday ([1]) reconnut que lorsqu'on place certains corps isotropes, tels que le verre, dans un champ magnétique intense, ces corps acquièrent le pouvoir rotatoire. On peut constater facilement ce phénomène en plaçant le corps à l'intérieur d'une bobine longue parcourue par un courant puissant.

Verdet ([2]) a établi les lois de ce phénomène :

L'angle de rotation α du plan de polarisation est proportionnel à la longueur l traversée, à l'intensité du champ φ et au cosinus de l'angle ω du champ avec les rayons lumineux : on a :

$$\alpha = \rho l \varphi \cos \omega \tag{1}$$

ρ étant une constante dépendant du corps considéré, appelée *constante de Verdet*.

[1] Michel FARADAY, né le 22 septembre 1791, à Newington-Butts, près de Londres, mort le 25 août 1867.

[2] Emile VERDET, maître de conférences à l'Ecole Normale ; né à Nimes le 13 mars 1824, mort à Avignon, le 3 juin 1866.

Cette relation (1) n'est applicable, que si le champ magnétique est uniforme (φ et ω les mêmes) dans toute la longueur l parcourue par le rayon lumineux. Si le champ n'est pas uniforme, l'angle de rotation α du plan de polarisation est donné, d'après ces lois appliquées à un élément infiniment petit dl de la longueur du rayon, par

$$\alpha = \rho \int \varphi \cos \omega \, dl. \qquad (2)$$

Cette relation peut se mettre encore sous une autre forme. Supposons que nous déplacions un pôle magnétique égal à l'unité le long du rayon lumineux. Ce pôle est soumis à une force φ faisant un angle ω avec la direction du déplacement dl; le travail τ effectué par les forces magnétiques est donc

$$\tau = \int \varphi \cos \omega \, dl.$$

On sait que ce travail est, par définition, la différence de potentiel magnétique V entre les deux extrémités du chemin parcouru. La relation (2) peut donc s'écrire :

$$\alpha = \rho V.$$

L'angle de rotation du plan de polarisation d'un rayon entre un point A et un point B est donc proportionnel à la différence de potentiel magnétique entre les deux points A et B.

Le phénomène de la polarisation rotatoire magnétique présente une différence capitale avec celui de la polarisation rotatoire ordinaire, celle présentée par le quartz, par exemple: soit un rayon polarisé SI (*fig.* 133), traversant un morceau de quartz, son plan de polarisation tourne d'un certain angle. Si à l'aide d'un miroir M nous renvoyons le rayon en sens inverse, le plan de polarisation tourne de nouveau du même angle par rapport à la marche du rayon; mais comme celle-ci a été renversée par la réflexion, il tourne en sens contraire pour un observateur fixe, de telle sorte qu'à la sortie, le plan de polarisation coïncide avec la direction qu'il avait à l'entrée.

Au contraire, dans le cas de la polarisation rotatoire ma-

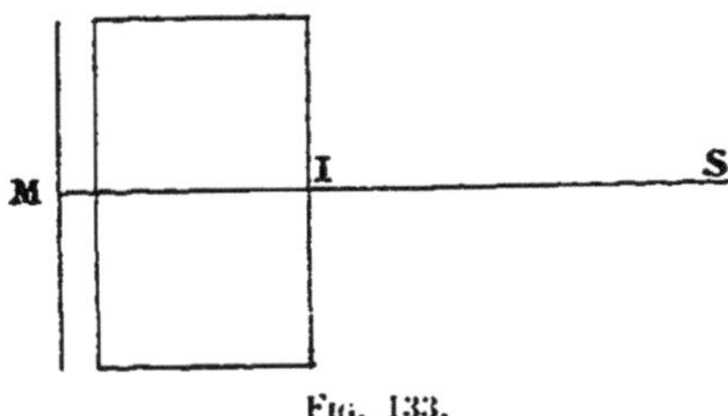

Fig. 133.

gnétique, la rotation du plan de polarisation ne dépend pas du sens de la propagation du rayon, mais seulement du sens du champ magnétique. Il en résulte que le rayon MI renvoyé par le miroir tourne dans le même sens par rapport à l'observateur fixe que le rayon d'aller IM: par conséquent, à la sortie en I, le plan de polarisation a tourné d'un angle double de l'angle dont il a tourné en M, après avoir traversé une seule fois le corps transparent. Pour observer plus facilement le phénomène et avoir un angle de rotation aisément mesurable, on peut donc faire réfléchir le rayon, de façon qu'il traverse plusieurs fois le corps transparent: l'angle de rotation est proportionnel au nombre des passages.

Tous les corps, même les gaz, jouissent du pouvoir rotatoire magnétique. Pour la plupart des substances, le plan de polarisation tourne dans le même sens que le courant qui produirait le champ, si celui-ci était fourni à l'intérieur d'une bobine. Ces substances ont été appelées *positives* par Verdet. Pour elles, la constante de Verdet est, en général, d'autant plus grande que l'indice de réfraction est plus considérable, quoique cette règle soit loin d'être absolue : les flints lourds, le sulfure de carbone, et surtout la dissolution d'iodure de mercure dans une dissolution aqueuse d'iodure de potassium (*iodomercurate de potassium*) sont des substances dont la constante de Verdet a une grande valeur. Pour les gaz, cette constante est extrêmement faible.

Quelques substances, par exemple les dissolutions de sels de fer dans l'alcool ou dans l'éther font tourner le plan de polarisation en sens inverse du courant : ces substances sont dites *négatives*.

Il ne faudrait pas croire que toutes les substances magnétiques sont négatives : les sels de nickel, de cobalt et de manganèse sont positifs.

Comme dans le cas de polarisation rotatoire ordinaire, le plan de polarisation tourne d'un angle d'autant plus grand, que la longueur d'onde de la lumière considérée est plus courte : la rotation est à peu près en raison inverse du carré de la longueur d'onde. Aussi, quand on emploie la lumière blanche, la lumière observée à travers l'analyseur est-elle colorée. Si l'on tourne celui-ci de façon à éteindre le jaune moyen, on observe la teinte sensible.

2. Dispositions expérimentales. — Voici quelques

indications sur les expériences qui ont servi à établir les lois
précédentes.

Faraday plaçait la substance transparente A (*fig.* 134) au-
dessus du milieu d'un électro-aimant puissant à branches
verticales, de façon que la substance placée entre un pola-

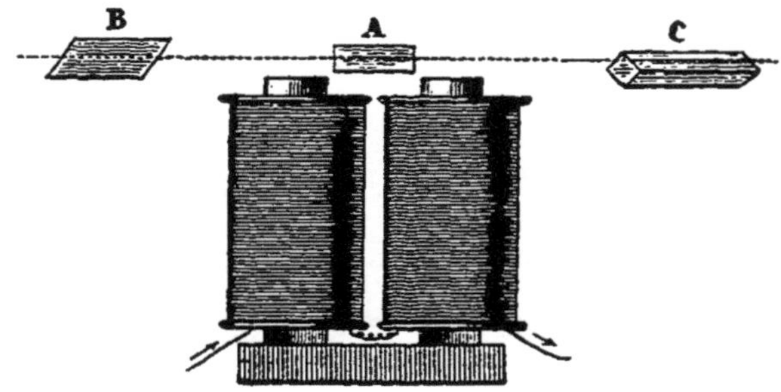

Fig. 134.

riseur B et un analyseur C fût traversée par le rayon lumineux dans la direction générale des lignes de force du champ
magnétique.

En vue d'augmenter l'intensité du champ magnétique
dans la région où est placée la substance transparente,
Ed. Becquerel [1] disposa celle-ci entre les pièces polaires
des électro-aimants, ces pièces étant percées d'ouvertures
pour laisser passer le rayon lumineux. Ruhmkorff construisit
un électro-aimant, qui se trouve aujourd'hui dans presque
tous les cabinets de physique; ses branches sont disposées horizontalement suivant le même axe (*fig.* 135); les
noyaux de fer doux des branches sont percés suivant l'axe

[1] Alexandre-Edmond Becquerel. né à Paris. le 24 mars 1820, mort
le 11 mai 1891.

d'un canal livrant passage au rayon lumineux, ce qui permet d'avoir un champ magnétique intense à l'endroit où est placé le corps transparent.

Tous ces dispositifs, bons pour montrer l'existence du phénomène, ne permettent pas d'avoir un champ magnétique suffisamment uniforme dans toute l'étendue du corps transparent, pour en trouver les lois numériques. Verdet a réussi

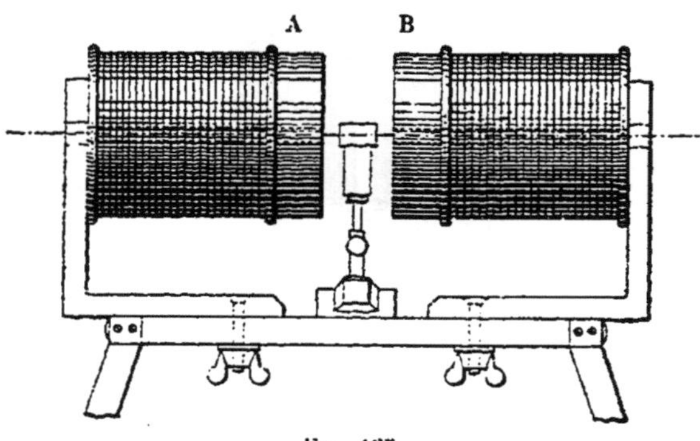

Fig. 135.

à obtenir un champ suffisamment uniforme en constituant les pièces polaires de l'électro-aimant de Ruhmkorff par de vastes plaques de fer doux parallèles (A et B) (*fig.* 135), percées seulement en leur milieu de l'ouverture nécessaire au passage du rayon.

Pour mesurer l'intensité du champ, il s'est servi d'une méthode fondée sur les phénomènes d'induction. Une bobine (*fig.* 136) assez petite, non seulement pour être placée entre les pièces polaires de l'électro-aimant, mais même pour pouvoir occuper diverses positions entre celle-ci, peut tourner de 180° autour d'un axe parallèle au plan des spires. Les deux extrémités du fil aboutissent aux

deux bornes d'un galvanomètre. La bobine étant placée dans
un champ magnétique de façon que son plan soit perpendiculaire aux lignes de force, si on vient à lui faire subir
une rotation de 180°, l'aiguille du galvanomètre dévie sous
l'influence du courant induit, et l'angle d'impulsion de l'aiguille, s'il est suffisamment faible, est proportionnel à l'intensité du champ supposé uniforme dans l'étendue de la
bobine. En déplaçant celle-ci entre les pièces polaires, soit
suivant l'axe, soit suivant une perpendiculaire à l'axe, Ver-

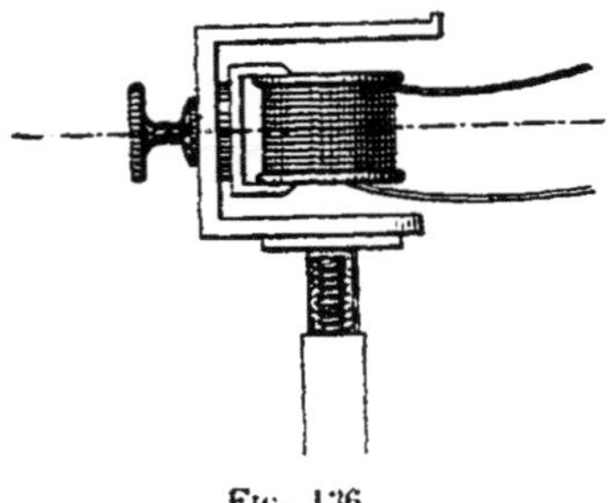

Fig. 136.

det s'est assuré que le
champ avait la même in-
tensité dans une région
plus étendue que celle où il
plaçait la substance transparente étudiée. En même
temps, il connaissait en valeur relative l'intensité de
ce champ, qu'il pouvait faire varier d'une expérience à une
autre, soit en en modifiant la distance des pièces polaires,
soit en modifiant l'intensité du courant circulant dans
l'électro-aimant. C'est avec cet appareil que Verdet a trouvé
que le pouvoir rotatoire magnétique était proportionnel à
l'intensité du champ magnétique.

Pour étudier l'influence de l'obliquité des lignes de forces
sur la direction du rayon, Verdet est revenu à la disposition
de Faraday, en plaçant la substance transparente au dessus
du milieu d'un électro-aimant à branches verticales ; mais il
a terminé ces branches par des pièces polaires qui donnent
un champ uniforme dans toute l'étendue où se trouvait la
substance transparente, comme il a pu le voir au moyen de

la bobine tournante. L'électro-aimant pouvait tourner autour d'un axe vertical passant par le corps transparent qui restait fixe; un cercle gradué donnait l'angle de rotation.

Verdet a vérifié ainsi la loi du cosinus, donnée dans le paragraphe précédent, depuis un angle nul jusqu'à un angle de 75°. MM. Cornu et Potier ont trouvé que la loi reste encore exacte au-delà jusqu'à 90°. Ces savants n'ont opéré que dans le voisinage de 90°; l'appareil, représenté en coupe dans la figure 137, était un électro-aimant dont le circuit magnétique était fermé en haut et en bas, et n'était ouvert

que dans la région médiane AB où était placée la substance transparente T ; les flèches indiquent la direction du champ magnétique sur la figure ; PP′ représente en coupe l'une des bobines, QQ′ représente l'autre ; toutes les parties couvertes de

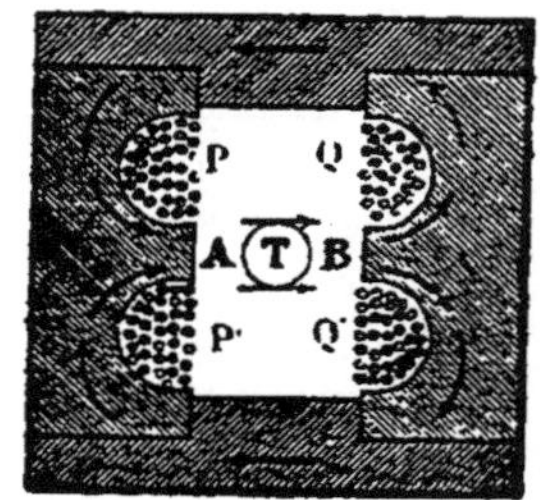

Fig. 137.

hachures sur la figure représentent du fer doux. Cet électro-aimant était très allongé dans le sens horizontal perpendiculaire au plan de la figure (dimension transversale); la substance étudiée, dissolution d'iodomercurate de potassium, était placée dans un tube, représenté en coupe T sur la figure, et un peu plus court que la dimension transversale de l'électro-aimant, de façon à être entièrement placé dans un champ uniforme. Le rayon lumineux traversait le tube suivant son axe. Celui-ci pouvait ainsi être placé perpendiculairement aux lignes de force ou faire avec ces lignes un petit angle connu par une graduation.

3. Simultanéité du champ et du pouvoir rotatoire magnétique. — On peut se demander si le pouvoir rotatoire magnétique provient d'une déformation de la matière transparente, plus ou moins lente à apparaître ou à disparaître quand le champ magnétique est créé ou supprimé. MM. P. Curie et Ledeboer, en remplaçant le disque de cuivre de l'appareil de Foucault par un disque de verre, qui pouvait ainsi tourner avec une grande vitesse dans le champ magnétique intense produit entre les mâchoires de l'électro-aimant, ont trouvé que la rotation du plan de polarisation du rayon qui avait traversé le verre était la même, que le disque fût immobile ou qu'il tournât rapidement. Ainsi, le phéno-mène du pouvoir rotatoire n'est pas en retard sur la varia-tion du champ magnétique.

Une expérience encore plus remarquable de MM. Bichat et Blondlot conduit à la même conclusion : ces auteurs pla-çaient entre un polariseur et un analyseur la substance transparente (flint lourd ou sulfure de carbone) à l'intérieur d'une bobine à fil long et fin. Ils faisaient passer le courant de décharge d'une batterie de bouteilles de Leyde dans ce fil. et il s'y produisait, comme on le sait, un courant oscillatoire à oscillations rapides. Une fente F verticale éclairée, placée en avant du polariseur formant la source lumineuse, était regardée par réflexion dans un miroir tournant à axe vertical, au moyen d'une lunette. Le polariseur et l'analyseur étant à l'extinction, au moment où le courant oscillatoire se produi-sait dans la bobine, on voyait apparaître dans le miroir tour-nant une série d'images brillantes de la fente séparées par des bandes obscures, indiquant que le plan de polarisation avait tourné sous l'influence du courant oscillatoire. En tournant

un peu l'analyseur, on constatait par l'augmentation d'éclat
des bandes brillantes de rang pair et la diminution d'éclat
des bandes impaires, ou inversement, que le plan de polarisation avait oscillé pendant la décharge oscillante, puisque
pour les bandes brillantes paires et pour les bandes brillantes impaires, le plan de polarisation avait tourné en sens
inverse.

Enfin MM. Bichat et Blondlot, par un dispositif facile à
imaginer, avaient éclairé une autre fente verticale F′ par
l'étincelle de la batterie, cette fente étant disposée de façon
que son image dans le miroir tournant, quand celui-ci était
immobile, fût vue à travers la lunette dans le prolongement
exact de l'image de la fente F. Quand le miroir tournait, on
voyait l'image de la fente F′ s'allonger sous forme d'une
série de bandes alternativement brillantes et obscures, absolument comme l'image de la fente F, indiquant l'existence de
décharges alternatives dans l'étincelle. Or, on observait que
les bandes brillantes dans les images de F et de F′, ainsi
que les bandes sombres, étaient exactement dans le prolongement l'une de l'autre.

Ainsi, il y a simultanéité entre la production du champ
magnétique (bandes brillantes de F′) et la déviation du plan
de polarisation (bandes brillantes de F). La précision des
expériences de MM. Bichat et Blondlot était telle, qu'une
différence de $\dfrac{1}{30\ 000}$ de seconde dans la coïncidence des deux
phénomènes aurait été appréciable.

NOTE A

ELLIPSOÏDE DU TRAVAIL. — AXES D'ÉLASTICITÉ. THÉORÈME DE LA SUPERPOSITION DES ÉLASTICITÉS DANS LES PETITS MOUVEMENTS

Ellipsoïde du travail. — Supposons une particule d'éther dérangée de sa position d'équilibre O, de façon qu'en prenant trois axes de coordonnées rectangulaires OX, OY, OZ, passant par O, la nouvelle position de la particule ait pour coordonnées x, y et z. Les composantes X, Y et Z suivant les trois axes de la force élastique, qui tend à ramener la particule en O, sont chacune des fonctions de x, y et z.

Développons chacune de ces fonctions suivant la série de Mac Laurin ; le terme constant est nul, puisque X, Y et Z s'annulent pour $x = 0$, $y = 0$, $z = 0$; d'autre part, les termes du premier degré ne sont pas nuls, puisque la force élastique est, pour un petit déplacement, proportionnelle à celui-ci. Enfin, si nous n'envisageons que des déplacements très petits, les termes d'ordres supérieurs au premier sont négligeables et, par conséquent, X, Y et Z se réduisent à des fonctions du premier degré :

$$(1) \begin{cases} -X = p_1 x + q_1 y + r_1 z = \rho \, (p_1 \cos \alpha + q_1 \cos \beta + r_1 \cos \gamma) \\ -Y = p_2 x + q_2 y + r_2 z = \rho \, (p_2 \cos \alpha + q_2 \cos \beta + r_2 \cos \gamma) \\ -Z = p_3 x + q_3 y + r_3 z = \rho \, (p_3 \cos \alpha + q_3 \cos \beta + r_3 \cos \gamma) \end{cases}$$

en posant :

$$(2) \qquad x = \rho \cos \alpha. \qquad y = \rho \cos \beta. \qquad z = \rho \cos \gamma.$$

Dans les diverses théories sur la constitution de l'éther, ou plus généralement du milieu élastique. on arrive aux relations suivantes :

$$q_1 = p_2 \qquad r_2 = q_3 \qquad p_3 = r_1.$$

Nous nous bornerons à admettre *a priori* que les quantités

$$q_1 \text{ et } p_2. \qquad r_2 \text{ et } q_3, \qquad p_3 \text{ et } r_1$$

sont de même signe.

Le travail élémentaire dW de la force élastique. pour un déplacement infiniment petit de la particule est donné par

$$(3) \quad -dW = -(Xdx + Ydy + Zdz) = -(X\cos\alpha + Y\cos\beta + Z\cos\gamma)d\rho$$

$$= \left[\begin{array}{l} (p_1\cos\alpha + q_1\cos\beta + r_1\cos\gamma)\cos\alpha + (p_2\cos\alpha + q_2\cos\beta + r_2\cos\gamma)\cos\beta \\ + (p_3\cos\alpha + q_3\cos\beta + r_3\cos\gamma)\cos\gamma \end{array} \right] \rho d\rho$$

Supposons un déplacement linéaire dans la direction α. β, γ, le facteur entre crochet qui multiplie $\rho d\rho$ est alors constant ; représentons-le par A pour abréger $(-dW = A\rho d\rho)$. Dès lors, l'intégration de la relation précédente donne pour le travail total W

$$(4) \qquad\qquad -W = \frac{1}{2} A\rho^2$$

ou

$$(5) \quad -2W = A\rho^2 = (p_1\rho\cos\alpha + q_1\rho\cos\beta + r_1\rho\cos\gamma)\rho\cos\alpha$$
$$+ (p_2\rho\cos\alpha + q_2\rho\cos\beta + r_2\rho\cos\gamma)\rho\cos\beta$$
$$+ (p_3\rho\cos\alpha + q_3\rho\cos\beta + r_3\rho\cos\gamma)\rho\cos\gamma$$

ce qui peut encore s'écrire en passant aux coordonnées rectilignes :

$$(6)\quad p_1x^2+q_2y^2+r_3z_2+(r_2+q_3)yz+(p_3+r_1)zx+(q_1+p_2)xy=-2W$$

Si, dans les diverses directions à partir du point O, nous donnons de petits déplacements linéaires à la particule, de façon que le travail W soit le même pour tous les déplacements, le lieu géométrique des extrémités de ces déplacements est représenté par la relation (6) dans laquelle W est une constante. C'est l'équation d'une surface du second degré qui, étant fermée, ne peut être qu'un ellipsoïde. On l'appelle l'*ellipsoïde du travail*.

Si l'on fait varier W, ces ellipsoïdes sont homothétiques ; il suffit, par conséquent, d'en considérer un seul, par exemple, celui pour lequel on a — 2 W = 1, pour plus de simplicité dans l'écriture. Prenons maintenant pour direction des axes de coordonnées OX, OY et OZ, les trois axes de symétrie de cet ellipsoïde; on a, dans ce cas :

$$(7)\quad r_2+q_3=0 \qquad p_3+r_1=0 \qquad q_1+p_2=0$$

et, comme nous avons admis que chacun des deux termes de ces binomes avait le même signe, il en résulte :

$$(8)\qquad r_2=q_3=p_3=r_1=q_1=p_2=0$$

si, en outre, nous désignons par a^2 b^2 et c^2 ce que deviennent les quantités p_1 q_2 et r_3 qui sont évidemment positives l'ellipsoïde du travail a pour équation :

$$(9)\qquad a^2x^2+b^2y^2+c^2z^2=1$$

Il vient alors, pour les valeurs de la composante de la force élastique :

$$(10) \quad -X = a^2 x \qquad -Y = b^2 y \qquad -Z = c^2 z.$$

Or, la normale en un point x, y et z de l'ellipsoïde du travail a précisément ses cosinus directeurs proportionnels à

$$a^2 x \qquad b^2 y \qquad \text{et} \qquad c^2 z$$

On voit par la relation (10) que *la force élastique, provoquée par un déplacement x, y et z, de la particule, est normale à l'ellipsoïde du travail au point x, y et z.*

Axe d'élasticité. — La normale à l'un des sommets de l'ellipsoïde coïncide avec le rayon vecteur mené du centre au sommet (direction d'un des axes de symétrie) ; mais, si l'ellipsoïde a ses trois axes inégaux, en tout autre point, la normale ne coïncide pas en direction avec le rayon vecteur aboutissant en ce point. Il en résulte que la force élastique coïncide en direction avec le déplacement, si celui-ci a lieu suivant un des axes de l'ellipsoïde du travail, et que s'il n'en est pas ainsi, la force élastique ne coïncide pas en direction avec le déplacement. Ainsi :

Dans tout milieu, il y a moins trois directions rectangulaires entre elles, appelées axes d'élasticité (axes de l'ellipsoïde du travail) *telles que si le déplacement a lieu suivant une de ces directions, la force élastique est dirigée dans le sens du déplacement.*

Dans le cas où $a^2 = b^2$, l'ellipsoïde du travail devient de révolution (cristaux appartenant au système quadratique, au système rhomboédrique ou au système hexagonal), toute direction perpendiculaire à l'axe de révolution est un axe d'élasticité, il y en a donc une infinité dans ce cas.

Dans le cas où $a^2 = b^2 = c^2$, l'ellipsoïde du travail devient une sphère (cristaux cubiques et corps isotropes); toute direction est un axe d'élasticité.

Projection de la force élastique sur un plan passant par le déplacement. — Menons, par le centre de l'ellipsoïde du travail, un plan quelconque P. Ce plan le coupe suivant une ellipse; prenons les axes de cette ellipse pour axes OX et OY et prenons pour axe OZ une perpendiculaire au plan P. L'équation de l'ellipsoïde est alors de la forme :

$$(11) \quad a'^2 x^2 + b'^2 y^2 + c'^2 z^2 + 2fzy + 2gzx = 1.$$

Les cosinus directeurs de la normale en un point de l'ellipsoïde, c'est-à-dire ceux de la force élastique correspondant au déplacement aboutissant à ce point sont proportionnels à :

$$a'^2 x + gz \qquad b'^2 y + fz \qquad c'^2 z + fy + gx,$$

pour un déplacement dans le plan P on a $z = 0$ et ils deviennent proportionnels à

$$a'^2 x \qquad b'^2 y \qquad \text{et} \qquad fy + gx.$$

On voit que la projection de la force élastique sur le plan P coïncide en direction avec la direction du déplacement dans ce plan si celui-ci a lieu suivant l'un des axes OX ou OY de l'ellipse; tandis que pour une autre direction du déplacement dans le plan P, la projection de la force élastique sur le plan ne coïncide plus avec la direction du déplacement, dans le cas général où les deux axes de l'ellipse $\left(\frac{1}{a'}\right)$ et $\left(\frac{1}{b'}\right)$ sont inégaux.

Ainsi :

Dans un plan quelconque P, on trouve au moins deux directions rectangulaires telles que la projection sur le plan P de la force élastique mise en jeu par un déplacement suivant une de ces directions coïncide avec celle-ci.

Si le plan P coupe l'ellipsoïde du travail suivant l'une des deux sections cycliques, l'ellipse d'intersection devenant un cercle, tout déplacement dans le plan P, est tel que la projection de la force élastique dans le plan P coïncide avec la direction du déplacement.

En comparant la forme de l'ellipsoïde du travail donné par la relation (11) avec la forme générale donnée par la relation (6) on voit que :

$$p_1 = a'^2 \qquad q_2 = b'^2 \qquad q_1 + p_2 = 0$$

et comme nous avons admis que q_1 et p_2 sont de même signe, on a ici $q_1 = p_2 = 0$. Il en résulte, d'après les relations (1), que pour un déplacement dans le plan P $(z = 0)$, on a :

$$(12) \qquad -X = a'^2 x \qquad -Y = b'^2 y$$

Or, suivant la théorie de Fresnel, la composante dans le plan de l'onde seule serait efficace ; pour un déplacement suivant l'axe OX de l'ellipse découpée par le plan P dans l'ellipsoïde du travail, le coefficient d'élasticité serait $-\frac{X}{x} = a'^2$.

et pour un déplacement suivant l'axe OY de cette ellipse ce

coefficient serait $-\dfrac{Y}{y} = b'^2$. Ainsi : *ces coefficients d'élasti-cités sont inversement proportionnelles aux carrés de la longueur des axes $\left(\dfrac{2}{a}\right)$ et $\left(\dfrac{2}{b'}\right)$ de l'ellipse.*

Superposition des élasticités dans les petits mouvements. — Supposons qu'on décompose un petit déplacement D (x, y, z) d'une particule en plusieurs déplacements composants D_1 (x_1, y_1, z_1), D_2 (x_2, y_2, z_2) etc...., c'est-à-dire tels que D soit la somme géométrique de D_1, D_2, etc... En vertu du théorème des projections, on a :

$$
\begin{aligned}
x &= x_1 + x_2 + \cdots \\
y &= y_1 + y_2 + \cdots \\
z &= z_1 + z_2 + \cdots
\end{aligned}
\tag{12}
$$

Multiplions respectivement par a^2, b^2 et c^2 les deux membres de ces égalités ; elles deviennent :

$$
\begin{aligned}
a^2 x &= a^2 x_1 + a^2 x_2 + \cdots \\
b^2 y &= b^2 y_1 + b^2 y_2 + \cdots \\
c^2 z &= c^2 z_1 + c^2 z_2 + \cdots
\end{aligned}
\tag{12}
$$

ou, en changeant les signes des deux membres de (12), et en désignant par X Y et Z les composantes de la force élastique F dues au déplacement résultant x, y et z et par X_1, Y_1 et Z_1, X_2, Y_2 et Z_2 etc., les composantes des forces élastiques F_1 F_2 etc., qui seraient dues aux déplacements composants, si chacun d'eux existait seul

$$
\begin{aligned}
X &= X_1 + X_2 + \cdots \\
Y &= Y_1 + Y_2 + \cdots \\
Z &= Z_1 + Z_2 + \cdots
\end{aligned}
\tag{13}
$$

Ces dernières équations montrent que la force élastique F ayant pour projection sur chacun des axes de coordonnées, la somme algébrique des projections sur ces mêmes axes des forces F_1, F_2 etc., est la résultante de ces forces. Ainsi:

Si l'on décompose un petit déplacement d'une particule en déplacements composants, la force élastique mise en jeu par ce petit déplacement est la résultante des forces élastiques qui seraient mises en jeu par chacun des déplacements composants s'il existait seul.

NOTE B

SURFACE ISOCHROMATIQUE DE BERTIN

Par un point O pris à l'intérieur d'un cristal, menons des rayons vecteurs de longueur ρ telle qu'entre les deux rayons lumineux ayant leur vibration rectangulaire qui se propagent suivant cette direction, il s'établisse une différence de marche δ, la même, quelle que soit la direction quand ils auront parcouru cette longueur ρ ; les extrémités de ces rayons vecteurs se trouvent sur une surface que Bertin a désigné sous le nom de *surface isochromatique*. D'après cette définition, en désignant par V_1 et V_2 les vitesses de propagation des deux rayons lumineux dans cette direction, par T la durée d'une vibration lumineuse, on a (chap. vi, § 2) :

$$(1) \quad \delta = \frac{\rho}{T} \left(\frac{1}{V_2} - \frac{1}{V_1} \right) \quad \text{ou} \quad \rho \left(\frac{1}{V_2} - \frac{1}{V_1} \right) = \delta T$$

comme $\dfrac{1}{V_2} - \dfrac{1}{V_1}$ est une fonction des angles α, β, γ, qui déterminent la direction du rayon vecteur de longueur ρ, on peut regarder la relation (1) comme l'équation polaire de la surface isochromatique.

Mais avant d'exprimer $\dfrac{1}{V_2} - \dfrac{1}{V_1}$ en fonction de α, β, γ, pour avoir l'équation de cette surface sous forme explicite, indiquons son utilité et d'où lui vient son nom.

Reprenons pour cela la disposition employée pour observer les phénomènes de polarisation chromatique en lumière convergente ; soit O le point où l'axe optique de l'objectif

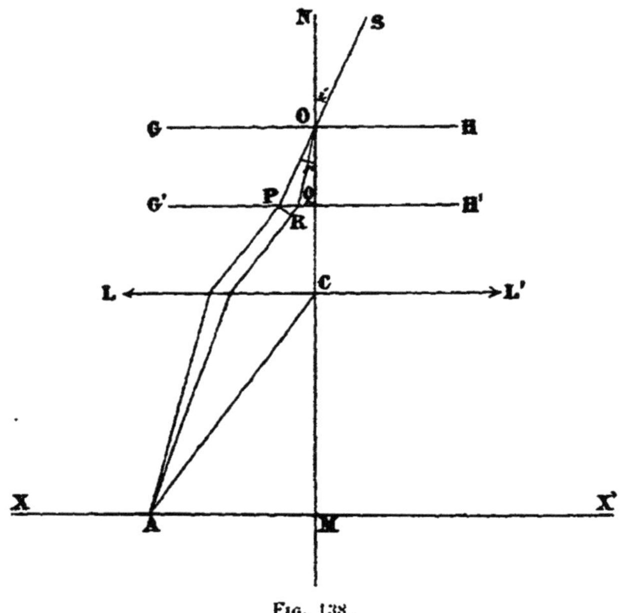

Fig. 138.

perce la face d'entrée de la lame cristalline à faces parallèles (*fig.* 138) GH, G'H' que nous supposerons perpendiculaires à cet axe. Considérons un rayon lumineux incident polarisé. SO : ce rayon se dédouble dans le cristal suivant OP et OQ et donne naissance à sa sortie à deux rayons parallèles à SO, qui après avoir traversé l'objectif concourent en un point A de son plan focal XX', situé à l'intersection de ce plan avec la parallèle CA aux rayons sortant du cristal mené par le second point nodal C de l'objectif.

Si nous regardons à travers un analyseur, nous savons que la couleur vue en A dépend de la différence de marche des deux rayons, et que celle-ci ne varie plus à partir du plan PR perpendiculaire à leur direction au sortir de la lame. En toute rigueur, cette différence de marche δ est donnée par:

$$(2) \qquad \delta = \frac{1}{T}\left(\frac{OQ}{V'_2} + \frac{QR}{V} - \frac{OP}{V_1}\right)$$

en désignant par V la vitesse de propagation dans l'air et par V'_2 et V_1 les vitesses de propagation des rayons de deuxième espèce suivant OQ, et de première espèce suivant OP. Mais comme la double réfration est toujours très faible, on peut, sans grande erreur, confondre la direction des deux rayons OP et OQ, par conséquent, négliger QR; alors, en désignant par ρ la longueur commune de OP et de OQ la relation (2) se confond avec la relation (1).

Si nous considérons maintenant la surface isochromatique ayant O pour centre, et correspondant à cette différence de manche δ, cette surface coupe la face de sortie G'H' du cristal, suivant une ligne K, telle que pour toutes les directions passant par le point O et aboutissant aux divers points de cette ligne K, la différence de marche δ est la même. Si les angles d'incidence i sont assez petits, pour que l'on ait approximativement la proportionnalité entre ces angles et les angles de réfraction r ($i = nr$), la ligne isochromatique dessinée dans le plan focal XX' par les points tels que A et correspondant à la différence de marche δ considérée, est semblable à la ligne K. On voit donc que la connaissance de la surface isochromatique ayant O pour centre, nous faisant connaître la forme de la section K par le plan G'II'. nous fait connaître par là même la forme de la courbe isochromatique correspondante dans le plan XX'. Si nous considérons, maintenant, les diverses surfaces isochromatiques ayant O pour centre et correspondant aux diverses valeurs de δ, les lignes d'intersection K par le plan G'II' seront semblables aux lignes isochromatiques vues dans le plan XX', et avec la même approximation semblablement disposées. On aura ainsi une idée approchée, au moins, du dessin formé par l'ensemble de ces lignes.

Il ne nous reste plus qu'à remplacer $\frac{1}{V_2} - \frac{1}{V_1}$ dans l'équation (1) de la surface par sa valeur en fonction des cosinus directeurs du rayon vecteur de longueur ρ, et à faire la discussion.

Pour avoir la valeur $\frac{1}{V_2} - \frac{1}{V_1}$, remarquons que V_1 et V_2 sont précisément les longueurs des rayons vecteurs correspondant à chacune des nappes de la surface d'onde pour la direction considérée α, β, γ. Reprenons, par conséquent l'équation de la surface d'onde de Fresnel (Chap. IV, § 15); en remplaçant x, y et z par leurs valeurs respectives $r\cos\alpha$, $r\cos\beta$, $r\cos\gamma$; en divisant les deux membres par r celle-ci prend la forme :

$$(3)\quad a^2b^2c^2\frac{1}{r^4} - [(b^2+c^2)a^2\cos^2\alpha+(c^2+a^2)b^2\cos^2\beta+(a^2+b^2)c^2\cos^2\gamma]\frac{1}{r^2}$$
$$+ a^2\cos^2\alpha + b^2\cos^2\beta + c^2\cos^2\gamma = 0,$$

les racines de cette équation du second degré en $\frac{1}{r^2}$ sont $\frac{1}{V_2^2}$

et $\dfrac{1}{V_1^2}$; on a donc :

$$(4) \quad \frac{1}{V_1^2} + \frac{1}{V_2^2} = \frac{b^2 + c^2}{b^2 c^2}\cos^2\alpha + \frac{c^2 + a^2}{c^2 a^2}\cos^2\beta + \frac{a^2 + b^2}{a^2 b^2}\cos^2\gamma$$

et

$$(5) \quad \frac{1}{V_1^2} \cdot \frac{1}{V_2^2} = \frac{\cos^2\alpha}{b^2 c^2} + \frac{\cos^2\beta}{c^2 a^2} + \frac{\cos^2\gamma}{a^2 b^2}.$$

D'autre part, en élevant deux fois au carré les deux membres, la relation (1) peut s'écrire :

$$(6) \quad \left(\frac{1}{V_1^2} + \frac{1}{V_2^2} - \frac{\delta^2 T^2}{\rho^2}\right)^2 = \frac{4}{V_1^2 V_2^2}.$$

en remplaçant dans cette équation $\dfrac{1}{V_1^2} + \dfrac{1}{V_2^2}$ et $\dfrac{1}{V_1^2 V_2^2}$ par leur valeur donnée par (4) et (5), et en multipliant par ρ^4 les deux membres, il vient, pour l'équation en coordonnées polaires de la surface isochromatique :

$$(7) \quad \left(\frac{b^2 + c^2}{b^2 c^2}\rho^2 \cos^2\alpha + \frac{c^2 + a^2}{c^2 a^2}\rho^2\cos^2\beta + \frac{a^2 + b^2}{a^2 b^2}\rho^2\cos^2\gamma - \delta^2 T^2\right)^2$$
$$- 4\rho^2\left(\frac{\rho^2 \cos^2\alpha}{b^2 c^2} + \frac{\rho^2 \cos^2\beta}{c^2 a^2} + \frac{\rho^2 \cos^2\gamma}{a^2 b^2}\right) = 0,$$

ou en coordonnées rectilignes :

$$(8) \quad \left(\frac{b^2 + c^2}{b^2 c^2}x^2 + \frac{c^2 + a^2}{c^2 a^2}y^2 + \frac{a^2 + b^2}{a^2 b^2}z^2 - \delta^2 T^2\right)^2$$
$$- 4(x^2 + y^2 + z^2)\left(\frac{x^2}{b^2 c^2} + \frac{y^2}{c^2 a^2} + \frac{z^2}{a^2 b^2}\right) = 0,$$

les axes de coordonnées étant les trois axes d'élasticité du cristal.

La relation (7) montre qu'il y a deux valeurs de ρ^2 qui satisfont à l'équation pour chaque direction, par conséquent, la surface qui correspond à l'équation (7) est à deux nappes ; mais la surface isochromatique réelle, celle qui correspond à l'équation (1) n'est qu'à une nappe : les calculs ont donc introduit une nappe parasite. La discussion de la relation (7) montre que des deux nappes, l'une est fermée l'autre est ouverte, dans la direction

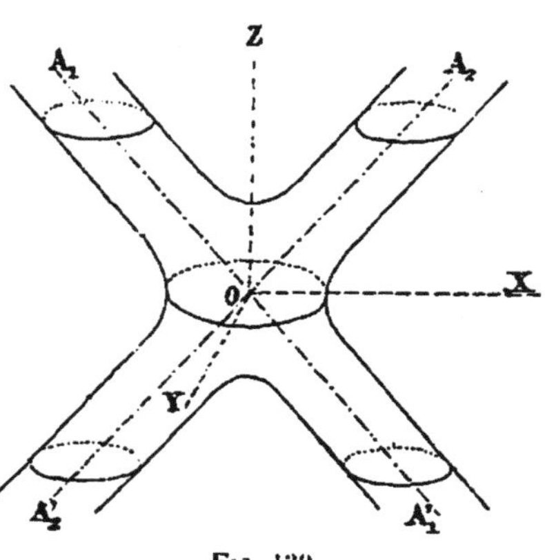

Fig. 139.

des axes optiques (ou de l'axe optique pour un cristal uniaxe) c'est-à-dire que ρ devient infini dans ces directions. C'est cette dernière nappe qui seule représente la surface isochromatique, car, dans la direction d'un axe optique, on a $V_1 = V_2$ et la relation (1) donne $\rho = \infty$.

Dans le cas où l'on $a > b > c$, c'est-à-dire dans le cas d'un cristal biaxe, la surface isochromatique a la forme représentée (*fig.* 139) : les branches infinies sont asymptotes à des cylindres ayant leurs génératrices parallèles à l'un des axes optiques.

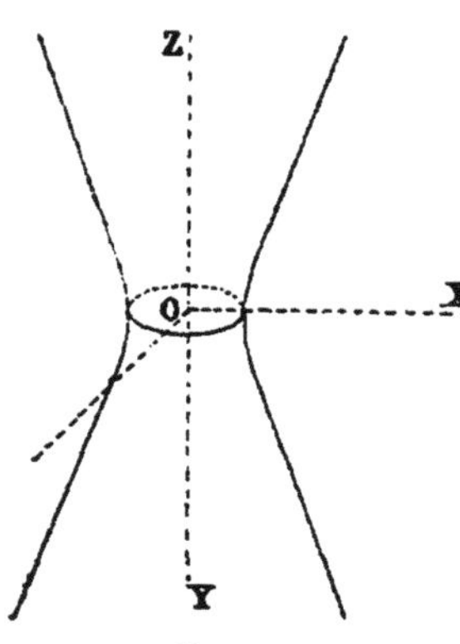

Fig. 140.

Dans le cas où $a = b \neq c$, c'est-à-dire dans le cas d'un cris-

tal uniaxe la surface isochromatique a la forme représentée
(*fig.* 140) ; c'est une surface de révolution autour de l'axe
du cristal : la section méridienne, dans le voisinage du
centre O, a grossièrement la forme d'une hyperbole,
mais les branches infinies ne présentent pas d'asymptotes.

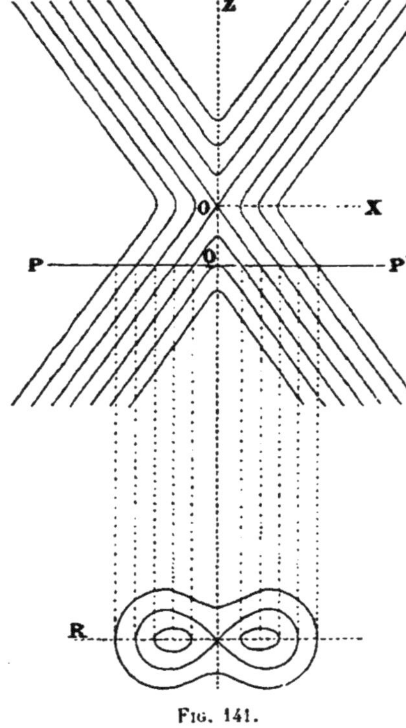

Fig. 141.

La relation (1) nous montre que si l'on fait varier δ, pour une même direction, ρ varie proportionnellement ; par conséquent, les diverses surfaces isochromatiques correspondant aux diverses valeurs de δ sont homothétiques et homocentriques, les surfaces étant d'autant plus éloignées du centre dans une même direction que δ est plus grand ; pour δ infiniment petit, les points de la surface isochromatique sont infiniment voisins de l'axe, pour un cristal uniaxe, ou des axes optiques pour un cristal biaxe.

La figure 141 montre, dans le cas d'un cristal biaxe, trois surfaces isochromatiques correspondant à trois valeurs différentes de δ ; en PQP' on a figuré la section de la surface par un plan perpendiculaire à la bissectrice aiguë OZ de l'angle des axes optiques, et en R le rabattement des intersections des surfaces et des axes optiques par ce plan PQP. Ces lignes forment un dessin semblable à celui des lignes isochromatiques qui seraient observées avec un cristal d'épaisseur OQ taillé perpendiculairement à la bissectrice aiguë OZ des axes optiques.

Cet exemple suffit à faire comprendre l'usage des surfaces isochromatiques.

TABLE DES MATIÈRES

CHAPITRE PREMIER

De quelques propriétés générales des ondes

CHAPITRE II

Mesures de la vitesse de propagation de la lumière

CHAPITRE V

Polariseurs et analyseurs fondés sur la double réfraction

CHAPITRE VI

Polarisation chromatique

CHAPITRE VII

Polarisation elliptique et circulaire

CHAPITRE VIII

Polarisation rotatoire

CHAPITRE IX

Polarisation rotatoire magnétique

NOTES

Note A

Note B

TOURS. — IMPRIMERIE DESLIS FRÈRES.